Ralf Schienbein

Grundlegende Untersuchungen zum konstruktiven Aufbau von Fünfachs-Nanopositionier- und Nanomessmaschinen

Berichte aus dem
INSTITUT FÜR MASCHINEN- UND GERÄTEKONSTRUKTION (IMGK)

Herausgegeben von
Univ.-Prof. Dr.-Ing. Ulf Kletzin (Maschinenelemente),
Univ.-Prof. Dr.-Ing. René Theska (Feinwerktechnik) und
Univ.-Prof. Dr.-Ing. Christian Weber (Konstruktionstechnik)
aus dem Institut für Maschinen- und Gerätekonstruktion (IMGK) an der TU Ilmenau.

Band 37

Diese Reihe setzt die „Berichte aus dem Institut für Maschinenelemente und Konstruktion“ fort.

Grundlegende Untersuchungen zum konstruktiven Aufbau von Fünfachs-Nanopositionier- und Nanomessmaschinen

Ralf Schienbein

Universitätsverlag Ilmenau
2020

Impressum

Bibliografische Information der Deutschen Nationalbibliothek
Die Deutsche Nationalbibliothek verzeichnet diese Publikation in der Deutschen Nationalbibliografie; detaillierte bibliografische Angaben sind im Internet über http://dnb.d-nb.de abrufbar.

Diese Arbeit hat der Fakultät für Maschinenbau der Technischen Universität Ilmenau als Dissertation vorgelegen.

Tag der Einreichung:	9. März 2020
1. Gutachter:	Univ.-Prof. Dr.-Ing. René Theska (Technische Universität Ilmenau)
2. Gutachter:	apl. Prof. Dr.-Ing. habil. Roland Füßl (Technische Universität Ilmenau)
3. Gutachter:	Prof. Dr. Svyatoslav Latyev (ITMO St. Petersburg, Russland)
Tag der Verteidigung:	19. Juni 2020

Technische Universität Ilmenau/Universitätsbibliothek
Universitätsverlag Ilmenau
Postfach 10 05 65
98684 Ilmenau
www.tu-ilmenau.de/universitaetsverlag

ISSN 2191-8082 (Druckausgabe)
ISBN 978-3-86360-229-1 (Druckausgabe)
URN urn:nbn:de:gbv:ilm1-2020000376

Titelfoto: Veit Henkel | Fakultät für Maschinenbau, TU Ilmenau

Geleitwort der Herausgeber

Die Konstruktion von Maschinen und Geräten sowie die zugehörigen Methoden und Werkzeuge sind seit den frühen 1950er Jahren ein profilbildender Schwerpunkt an der Technischen Universität Ilmenau und ihren Vorgängerinstitutionen. Es war daher ein nahe liegender Schritt, dass die drei konstruktiv orientierten Fachgebiete der Fakultät für Maschinenbau – Maschinenelemente, Feinwerktechnik/Precision Engineering, Konstruktionstechnik – im Mai 2008 das Institut für Maschinen- und Gerätekonstruktion (IMGK) neu gegründet haben. Das IMGK steht in der Tradition einer Kette ähnlicher Vorgängerinstitute, deren wechselnde Zusammensetzung hauptsächlich durch sich über der Zeit ändernde Universitätsstrukturen bedingt war.

Zweck des Institutes ist es, die Kompetenzen und Ressourcen der beteiligten Fachgebiete zu bündeln, um Forschung und Lehre zu verbessern und erzielte wissenschaftliche Ergebnisse gemeinsam in die Fachöffentlichkeit zu tragen.

Ein wesentliches Instrument hierzu ist die Schriftenreihe des Instituts für Maschinen- und Gerätekonstruktion. Sie führt eine erfolgreiche Schriftenreihe des im Jahr 1991 gegründeten unmittelbaren Vorgängerinstitutes IMK (Institut für Maschinenelemente und Konstruktion) fort.

In der Schriftenreihe erscheinen in erster Linie die am Institut entstandenen Dissertationen, daneben werden aber auch andere Forschungsberichte, die in den thematischen Rahmen passen und von allgemeinem Interesse sind, in die Schriftenreihe aufgenommen.

Der vorliegende Band 37 ist als Dissertation am Fachgebiet für Feinwerktechnik/Precision Engineering unter der wissenschaftlichen Betreuung von Univ.-Prof. Dr.-Ing. René Theska entstanden. Die Herausgeber wünschen sich reges Interesse an der Schriftenreihe und würden sich freuen, wenn sie zum fruchtbaren Dialog in Wissenschaft und Praxis beitragen würde.

Ilmenau, im September 2020

Univ.-Prof. Dr.-Ing. Ulf Kletzin (Maschinenelemente)
Univ.-Prof. Dr.-Ing. René Theska (Feinwerktechnik)
Univ.-Prof. Dr.-Ing. Christian Weber (Konstruktionstechnik)

Vorwort

Die vorliegende Arbeit entstand im Umfeld des Graduiertenkollegs für „Spitzen- und Laser-basierte 3D-Nanofabrikation in ausgedehnten makroskopischen Arbeitsbereichen (NanoFab)“ während meiner Tätigkeit als wissenschaftlicher Mitarbeiter im Fachgebiet für Feinwerktechnik der Technischen Universität Ilmenau. Mein besonderer Dank für die Möglichkeit der Erstellung dieser Arbeit gilt daher den Verantwortlichen des durch die Deutsche Forschungsgemeinschaft (DFG) unterstützten Graduiertenkollegs Univ.-Prof. Dr.-Ing. habil. Eberhard Manske sowie Univ.-Prof. Dr.-Ing. René Theska, dem Leiter des Fachgebietes für Feinwerktechnik.

Für die langjährige fachliche Förderung sowie wissenschaftliche Betreuung dieser Arbeit danke ich insbesondere Univ.-Prof. Dr.-Ing. René Theska. In regelmäßigen Fachdiskussionen konnten gemeinsam die für das Promotionsvorhaben entscheidenden Forschungsschwerpunkte definiert, konstruktive Ansätze diskutiert und das Manuskript finalisiert werden.

Ferner danke ich apl. Prof. Dr.-Ing. habil. Roland Füßl für seine intensive Unterstützung, die hilfreichen Diskussionen und die Möglichkeit der beruflichen Weiterentwicklung im Bereich der Prozessmess- und Sensortechnik.

Für die Erstellung der Gutachten danke ich Univ.-Prof. Dr.-Ing. René Theska, apl. Prof. Dr.-Ing. habil. Roland Füßl sowie Prof. Dr. Svyatoslav Latyev.

Im Umfeld des Graduiertenkollegs NanoFab konnten, gemeinsam mit zwölf weiteren Doktoranden, essenzielle Grundlagen für die Spitzen- und Laser-basierte 3D-Nanofabrikation in erweiterten, makroskopischen Arbeitsbereichen erarbeitet werden. Mein Dank gilt daher den Kollegen dieses Graduiertenkollegs mit eng kooperativer Zusammenarbeit Laura Weidenfeller, Shraddha Supreeti, Johannes Kirchner und Taras Sasiuk. Besonderer Dank gebührt diesbezüglich meinem geschätzten Kollegen Florian Fern für die stets spontanen, aber wohlwollenden Einfälle am Montagmorgen und deren anschließender gemeinsamer Umsetzung im Rahmen beider Promotionen. Für die notwendigen Rahmenbedingungen des Entwicklungsprojektes möchte ich zudem den Projektkoordinatoren des NanoFab Dr.-Ing. Michael Kühnel und Ingo Ortlepp danken.

Weiterhin danke ich den Kollegen des Fachgebietes für Feinwerktechnik für die vertrauensvolle Zusammenarbeit und die intensiven Fachgespräche.

Besonderer Dank gebührt Dr. rer. nat. Stephanie Reiß für die alternativen Ansätze sowie unzähligen Gespräche und Ratschläge auf dem gemeinsamen Weg vom ersten Tag des Studiums an.

Von ganzem Herzen danke ich insbesondere meinen Eltern Birgit und Oliver sowie meinem Bruder Peter Schienbein für das uneingeschränkt entgegengebrachte Verständnis, die vielen aufmunternden Worte auch in schwierigen Zeiten und das teils notwendige Einbremsen aufflammenden Übereifers meinerseits. Ohne diesen Rückhalt wäre eine erfolgreiche Anfertigung dieser für mich persönlich sehr wichtigen Arbeit nicht möglich gewesen.

Wiehe, im September 2020

Ralf Schienbein

Kurzzusammenfassung

Die vorliegende Arbeit beinhaltet Realisierungsmöglichkeiten des konstruktiven Aufbaus von Fünfachs-Nanopositionier- und Nanomessmaschinen für die Messung und Fabrikation makroskopischer Objekte mit Nanometerpräzision. Mit zusätzlichen rotatorischen Freiheiten wird die Limitierung etablierter, überwiegend kartesisch operierender Nanopositionier- und Nanomessmaschinen (NPMM) hinsichtlich der Adressierbarkeit stark gekrümmter Objektgeometrien überwunden. Es werden modular variierte Maschinenkonzepte im Hinblick auf die Realisierung mehrachsiger Bewegungen und unter der Voraussetzung der Erweiterbarkeit kartesischer NPMMs systematisch entwickelt und auf der Grundlage eines Klassifizierungssystems evaluiert. Ein hohes Potential zeigen Varianten mit drei unabhängigen linearen Bewegungen des Objektes in Kombination mit zwei unabhängigen Rotationen des Tools um einen gemeinsamen Momentanpol, der dauerhaft mit dem Arbeitspunkt des Tools (TCP) und dem Abbepunkt der kartesischen NPMM übereinstimmt. Insbesondere die Rotation des Tools um die Hochachse der NPMM mittels Drehtisch in Kombination mit einer Rotation in der horizontalen xy-Ebene unter Verwendung eines Goniometers zeigen einen hohen Erfüllungsgrad. Im Rahmen experimenteller Untersuchungen wird ein derartiger Aufbau innerhalb einer NPMM erprobt, der die Rotationen eines Tools mit einer Masse $m_T \leq 2\,\mathrm{kg}$ gewährleistet. Eine asymmetrische Anordnung des Goniometers entlang dessen Hauptdrehachse erlaubt den Einsatz von Tools, deren Gestalt das Arbeitsvolumen des Goniometers überschreitet. Es sind Rotationsbereiche des Tools von $\varphi_z \geq 360°$ um die Hochachse der NPMM und Neigungen zur Hochachse von $0 < \varphi_{x,y} < 90°$ möglich. Die Integration ultrapräziser Rotationseinheiten in die NPMM erfolgt unter Zuhilfenahme finite Elemente gestützter Modellbildung und daraus abgeleiteter Strukturoptimierung der Koppelstellen. Unter Anwendung von Laserinterferometern in Kombination mit einem geeigneten Retroreflektor im TCP werden Einflüsse der zusätzlichen rotatorischen Positioniersysteme auf Verformungen und Positionierwiederholbarkeiten in der NPMM in situ gemessen. Wie beispielhaft mit der Anwendung eines entwickelten Nanoimprinttools gezeigt, erlauben die erreichten Positioniereigenschaften eine Adressierung und Bearbeitung dreidimensionaler Körper mit stark gekrümmter Oberfläche. Ein entwickelter neuartiger Aufbau der Gesamtstruktur, bei dem für die kombinierte Messung der Positionierabweichungen Fabry-Pérot-Interferometer zur Anwendung kommen, gewährleistet den Einbezug der Rotationen in den geschlossenen Regelkreis, wodurch die Mess- und Bearbeitungsgenauigkeit erhöht und die Prozesszeit verkürzt werden. Die Interferometer erfassen die Positionierabweichungen gegenüber einem halbkugelförmigen Konkavspiegel, der ein Bestandteil des metrologischen Rahmens der NPMM ist. Abschließend werden Konstruktionsrichtlinien für die Entwicklung von Fünfachs-Nanopositionier- und Nanomessmaschinen zusammengefasst.

Abstract

This thesis adresses the development of new concepts of the design of five-axis nanopositioning and nanomeasuring machines for the measurement and fabrication in macroscopic volumes while keeping the precision in the nanometer range. With additional rotations, the limitations of established, mainly Cartesian operating nanopositioning and nanomeasuring machines (NPMM) regarding the addressability of strongly curved object geometries are solved. Modularly varied machine concepts are systematically developed and evaluated on the basis of a classification system with regard to the realization of multi-axis movements based on Cartesian NPMMs. A high potential is given by variants with three independent linear movements of the object in combination with two independent rotations of the tool around a common instantaneous centre, which permanently corresponds to the operating point of the tool (TCP) and the Abbe point of the Cartesian part of the NPMM. Especially the rotation of the tool around the vertical axis of the NPMM using a precision rotation stage in combination with a rotation in the horizontal xy-plane using a goniometer show a high degree of fulfillment. Within the scope of experimental investigations, a corresponding setup within a NPMM is investigated, which guarantees the rotations of a tool with a mass of $m_T \leq 2\,\mathrm{kg}$. An asymmetric arrangement of the goniometer along its main axis of rotation allows the use of tools whose geometry exceeds the working volume of the goniometer. Tool rotation ranges of $\varphi_z \geq 360°$ around the vertical axis of the NPMM and inclinations to the vertical axis of $0 < \varphi_{x,y} < 90°$ are possible. The influence of the additional positioning systems on the existing structure of NPMMs are investigated and solutions for the optimization of the overall system with regard to reproducibility and long-term stability are developed. For this purpose, comprehensive FEA simulations are carried out and structural improvements are derived via topology optimizations. Using laser interferometers in combination with a suitable retroreflector in the TCP, influences of the additional rotary positioning systems, such as positioning repeatabilities, are measured in situ in the NPMM. As shown exemplarily with the application of a developed nanoimprint tool, the achieved positioning properties allow addressing and processing of three-dimensional objects normal to their strongly curved surface. A developed new type of overall structure, in which Fabry-Pérot interferometers are used for the combined measurement of positioning deviations, ensures that the rotations are included in the closed control loop, thus increasing the measurement and machining accuracy and reducing the operating time. The interferometers measure the positioning errors against a hemispherical concave mirror directly mounted to the metrological frame of the NPMM. After all, the knowledge gained is formed into general rules for the design of five-axis nanopositioning and nanomeasuring machines.

Inhaltsverzeichnis

Verzeichnis der Abkürzungen und Formelzeichen

Abkürzungen

Abkürzung	Bedeutung
3D	dreidimensional
AFM	Atomic Force Microscope
AIST	National Institute of Advanced Industrial Science and Technology
Astrositall	Handelsname einer Gruppe von glaskeramischen Werkstoffen
bspw.	beispielsweise
CAD	computer-aided design (rechnerunterstütztes Konstruieren)
CCD	Charge-Coupled Device
CCR	Winkelspiegel (Retroreflektor)
CER	Katzenaugenreflektor (Retroreflektor)
CNC	Computerized Numerical Control
DFG	Deutsche Forschungsgemeinschaft
DLW	Direct Laser Writing
DNA	Desoxyribonukleinsäure (deoxyribonucleic acid)
DOE	Diffraktives optisches Element
E	Endeffektor
EL.	elektrisch
F	Festforderung der Forderungsliste
FEM	Finite-Elemente-Methode

GUM	Guide to the Expression of Uncertainty in Measurement nach JCGM 100 [BIP17]
$\mathrm{If}_{x,y,z}$	Interferometer der NMM-1
IFT	statischer Interferometerträger (der NMM-1 bzw. NMM-5D)
IT	bewegter Interferometerträger (der NMM-5D)
Invar	Handelsname einer Gruppe von Eisen-Nickel-Legierungen
k.A.	keine Angaben vorhanden
KEP	Konstruktiver Entwicklungsprozess [Kra18]
KMG	Koordinatenmessgerät
KR	Kugelreflektor (Retroreflektor)
KS	Koordinatensystem
L-611	L-611.9ASD Präzisions-Rotationstisch der Physik Instrumente GmbH & Co. KG
LED	lichtemittierende Diode
LSM	Laser-Scanning-Mikroskop
LWD	Long Working Distance
M	Mindestforderung der Forderungsliste
MEMS	Mikroelektromechanische Systeme
metrolog.	metrologisch
MSM	Mixed Scanning Mode (Funktionsstruktur einer NPMM mit translatorisch bewegtem Tool und Objekt)
NanoFab	Kurzbezeichnung für das durch die DFG geförderte Graduiertenkolleg für Spitzen- und Laserbasierte 3D-Nanofabrikation in ausgedehnten makroskopischen Arbeitsbereichen an der TU Ilmenau
NEMS	Nanoelektromechanische Systeme
NIL	nanoimprint lithography
NMM-1	Nanopositionier- und Nanomessmaschine der SIOS Meßtechnik GmbH

NPMM-200	Nanopositionier- und Nanomessmaschine der Technischen Universität Ilmenau
NMM-5D	Im Rahmen dieser Arbeit entwickelte Fünfachs-NPMM mit In-situ-Messsystem der rotatorischen Toolpositioniersysteme
NPMM	Nanopositionier- und Nanomessmaschine(n)
PATON	Landespatentzentrum Thüringen der Technischen Universität Ilmenau
PDMS	Polydimethylsiloxane (Material des NIL-Stempels)
PI	Physik Instrumente GmbH & Co. KG
Pl	Deckplatte der NMM-1
PMS	Institut für Prozessmess- und Sensortechnik der Fakultät für Maschinenbau der TU Ilmenau
Po	(rotatorische) Positioniersysteme inkl. Koppelelementen
Sä	Säulen(-struktur) der NMM-1
SL	soft lithography
SMD	surface-mounted device
SPM	Scanning Probe Mode (Funktionsstruktur einer NPMM mit translatorisch bewegtem Tool)
SSM	Scanning Sample Mode (Funktionsstruktur einer NPMM mit translatorisch bewegtem Objekt)
T	Drehzentrum (Momentanpol) von Drehtisch L-611 und Goniometer WT-90
t	Plattenspitze, Unterseite der NMM-1 Deckplatte
TBR	Winkelprisma (Retroreflektor)
TCP	Tool Center Point (Werkzeugmittelpunkt nach DIN EN ISO 9787)
TM1,2	Prinzipvarianten der In-situ-Messung der TCP-Verlagerungen
Tool	Oberbegriff für Tast- und Bearbeitungssysteme von NPMM

TU	Technische Universität
ULE	Handelsname einer Gruppe von technischen Gläsern der Corning Incorporated
VDI	Verein Deutscher Ingenieure
W	Wunschforderung der Forderungsliste
WT-90	WT-90-65509201 Präzisions-Goniometer der Physik Instrumente GmbH & Co. KG
WT-90a	Goniometergrundkörper
WT-90b	bewegter Goniometerschlitten
Wtg.	Wichtung
Zerodur	Handelsname einer Gruppe von glaskeramischen Werkstoffen der Schott AG

Formelzeichen

Formelzeichen	Bedeutung	Einheit
A	maximale laterale Ausdehnung des NPMM-Arbeitsvolumens (horizontal)	
a	Temperaturleitfähigkeit	$m^2\,s^{-1}$
a	Kantenlänge der NMM-1 Deckplatte	mm
α_m	Anteilswert des α-getrimmten Mittelwertes	
α	Längenausdehnungskoeffizient	$m\,K^{-1}$
a,b	Kantenlängen der NMM-1 Deckplatte	mm
β_a	Akzeptanzwinkel des Retroreflektors zu seiner Hauptachse	$^\circ$
c	spezifische Wärmekapazität	$J\,kg^{-1}\,K^{-1}$
d	Dämpfungskonstante d. mechan. Schwingung	$kg\,s^{-1}$
d_a	Außendurchmesser allgemein	mm

d_i	Innendurchmesser allgemein	mm
D	Lehrsches Dämpfungsmaß, Dämpfungsgrad	
D_T	max. Durchmesser/ Querausdehnung des Tools entlang der Hauptausdehnungsrichtung	mm
δ	Abklingkonstante	s^{-1}
Δr_{HK}	Wandstärke der Referenzhalbkugel	mm
Δz_T	max. Ausdehnung des Tools entlang der Hauptausdehnungsrichtung	mm
ε	Dehnung	$m\,m^{-1}$
$\varepsilon(t)$	Kriechfehler, bezogen auf die Grundauslenkung	$m\,m^{-1}$
E	E-Modul	$N\,m^{-2}$
f	Brennweite	mm
$f_{e1...en}$	1.- n. Eigenfrequenz der mechanischen Schwingung eines Körpers	Hz
$F_{SR,MR}$	Vorspannkraft des Stirn- bzw. Mantelradialspannstückes	N
g	Erdbeschleunigung	$m\,s^{-2}$
g_i	Wichtung einzelner Eigenschaften nach VDI2225	
h	Plattendicke der NMM-1 Deckplatte	mm
H	maximale vertikale Ausdehnung des NPMM-Arbeitsvolumens	
I_i	Informationsgröße, spezifisch (Stellgröße, Aktor, Bewegung, Lage, ist, soll)	J
k	Federsteifigkeit	$N\,m^{-1}$

K	Plattenbiegesteifigkeit	$\mathrm{N\,m^{-1}}$
$K_{i.j}$	Strukturvariante der kinematischen Kette / Getriebestruktur	
$K_{i.ja}$, $K_{i.jb}$	verallgemeinerte Strukturvariante der kinematischen Kette / Getriebestruktur nach Variation der Winkellage der Rotationsebenen	
l	Länge, allgemein	m
λ	Wärmeleitfähigkeit	$\mathrm{W\,m^{-1}\,K^{-1}}$
λ	Wellenlänge (u. a. des Lichtes)	nm
m	Masse, allgemein	kg
m_O	Masse des Objektes	kg
m_{Pl}	Masse der Deckplatte der NMM-1	kg
m_{Po}	kombinierte Masse der rotatorischen Positioniersysteme inkl. Koppelelementen	kg
m_T	Masse des Tools	kg
m_{rP}	kombinierte Masse der rotatorischen Positioniersysteme	kg
M_{TR}	Antriebsmoment eines rotatorischen Positioniersystems	N m
M_{b}	Biegemoment	N m
$M_{i.j.k}$	NPMM-Strukturvarianten mit Variationen des Messsystems und der zugehörigen Referenz	
n_{KR}	Brechungsindex bzw. Brechzahl des Glaskugelretroreflektors	
ν	Poissonzahl	
$P_{i.j.k}$	NPMM-Strukturvarianten mit Variationen des rotatorischen Positioniersystems	

p	Flächenlast	$\mathrm{N\,m^{-2}}$
p_i	Bewertungspunkte einzelner Eigenschaften nach VDI2225	
p_U	Umgebungsdruck	Pa
φ_i	Rotationswinkel der Positioniersysteme	$^\circ$
φ_r	relative Luftfeuchtigkeit	%
φ_1, φ_2	Jeweilige Hauptdrehachsen seriell kombinierter rotatorischer Positioniersysteme	
φ_{x1}	konstruktive Neigung der Einbaulage des WT-90 bzw. des Tools entlang des WT-90 Hauptdrehwinkels	$^\circ$
ϕ	spezifische Steifigkeit	$\mathrm{N\,m\,kg^{-1}}$
r_{KR}	Radius des Glaskugelretroreflektors	mm
r_{SP}	Krümmungsradius der Referenzhalbsphäre	
R_a	Oberflächenrauheit (arithmetischer Mittelwert der Profilordinaten) nach DIN EN ISO 4288	
R_z	Oberflächenrauheit (größte Höhe des Profils) nach DIN EN ISO 4288	
R_{ges}	Reflektivität des Retroreflektors	%
ρ	Dichte	$\mathrm{kg\,m^{-3}}$
σ	Standardabweichung (Bereich)	
σ	mechanische Normalspannung	$\mathrm{N\,m^{-2}}$

s_{x1}	konstruktiver Versatz des Goniometers entlang dessen Hauptdrehachse bzw. parallel zur Hauptdrehachse des Drehtisches L-611	mm
$T_{U,Kammer,Labor}$	Lufttemperatur von Umgebung, Kammer, Labor	°C
$\Delta T_{U,t}$	Zeitlicher Gradient der Umgebungstemperatur	$\mathrm{K\,h^{-1}}$
u_z	translatorische Bewegung eines Schubgelenkes	
ν	Poissonzahl	
v_{s-i}	inneres Volumen der Spiegelecke (möglicher Objektbereich/ Bauraum)	$\mathrm{mm^3}$
v_{to}	vorgegebenes Volumen für Topologieoptimierung	$\mathrm{mm^3}$
$\omega(x,y)$	Durchbiegung (der Deckplatte)	mm
ω_0	ungedämpfte Eigenkreisfrequenz	$\mathrm{s^{-1}}$
W	übertragene Energie, allgemein	J
W_i	übertragene Energie, spezifisch (hilfs, kinetisch, potentiell, Antrieb, Abtrieb)	J
x, y, z	Achsenbezeichnung	
x_g	technische Wertigkeit nach VDI2225	

1 Einleitung

1.1 Einführung in die Thematik

Der globale Trend zur zunehmenden Miniaturisierung und erhöhten Komplexität technischer Produkte lässt sich für die vergangenen vier Jahrzehnte durch die Erfüllung des Mooreschen Gesetzes für die Halbleiterindustrie bestätigen. Dem Mitgründer der Firma Intel zufolge verdoppelt sich die Anzahl der Schaltkreiskomponenten auf einem integrierten Schaltkreis gleicher Größe etwa alle zwei Jahre [LLS16]. Diese Entwicklung setzt sich insbesondere im Bereich der Herstellung von Computerchips kontinuierlich fort, wenn auch unter größten technischen Anstrengungen im Bereich der dafür nötigen Lithographieprozesse [Kan03]. Auf makroskopischen Objekten, wie bspw. Wafern mit Abmessungen im Bereich hunderter Millimeter, sind inzwischen Strukturgrößen elektronischer Bauelemente kleiner als 7 nm möglich [Man19; Qua18]. Dies entspricht etwa dem dreifachen Durchmesser der DNA-Helix. Ultrapräzise Nanopositionier- und Nanomessmaschinen (NPMM) ermöglichen die Charakterisierung selbst derartig kleiner Strukturen. Ausgerüstet mit unterschiedlichen taktilen und optischen Tastköpfen können NPMM auf die jeweilige Messaufgabe flexibel angepasst werden [Jäg06; Man+15]. Sie vereinen somit die großen Messbereiche klassischer Koordinatenmessgeräte mit den Auflösungen im Nanometerbereich von Messgeräten, wie bspw. Rastersondenmikroskopen.

Im Rahmen umfassender Forschungsaktivitäten wurden an der Technischen Universität Ilmenau seit Anfang 2000 unterschiedliche NPMM entwickelt. Diese erreichen Messvolumina von bis zu 200 mm × 200 mm × 25 mm und 0,02 nm Längenmessauflösung mit Reproduzierbarkeiten der Messungen von 0,08 nm [Hau+11; Jäg+16; Man+19]. Die in Ilmenau entwickelten NPMM werden weltweit in metrologischen Staatsinstituten, Universitäten und außeruniversitären Forschungseinrichtungen u. a. für die Vermessung von Stufenhöhennormalen erfolgreich eingesetzt [Man+19]. In Abhängigkeit von dem verwendeten Tastsystem können sowohl ebene, als auch leicht gekrümmte makroskopische Objekte, wie Linsen oder Hohlspiegel, innerhalb des Messvolumens mit höchster Präzision charakterisiert werden. Mit der Spitze des Atomkraftmikroskops (AFM) ist zudem eine Nanostrukturierung auf einer hierzu senkrechten Ebene möglich. Mittels scannender Lithographie in Kombination mit einer in Ilmenau entwickelten NPMM gelang es, Marken in Form von Chrom-Beschichtungen auf einer minimal gekrümmten Linse aufzubringen [Blo+14].

Hieran anknüpfend werden im Rahmen eines durch die Deutsche Forschungsgemeinschaft (DFG) geförderten Graduiertenkollegs seit 2017 Spitzen- und Laser-basierte 3D-Nanofabrikationsverfahren in ausgedehnten makroskopischen Arbeitsbereichen (NanoFab) untersucht [DFG17; Man17]. Ziel der Forschergruppe ist es, alternative Fabrikationstechnologien zu entwickeln, welche die Fertigung und Messung von Strukturen atomarer Größenordnung in Arbeitsvolumina von mehreren hundert Millimetern ermöglichen. Die Herausforderung besteht darin, auf planare Oberflächen und kleinste Volumina begrenzte Nanofabrikationsverfahren auf Asphären oder Freiformflächen und damit nicht-planare Oberflächen sowie in signifikant größeren Volumina zu realisieren. Hierfür werden Spitzen- und Laser-basierte Nanofabrikationstechniken synergetisch mit ultrapräzisen NPMM zu mehrskaligen Lösungen für die effiziente 3D-Nanofabrikation vereint [Man17]. Als Teil des Graduiertenkollegs NanoFab entstand die vorliegende Arbeit innerhalb des Promotionsfeldes der Nanofabrikation auf Freiformflächen.

1.2 Zielstellung der Arbeit

Im Rahmen dieser Arbeit werden konstruktive Grundlagen für multiaxiale Nanofabrikationssysteme erarbeitet. Basierend auf translatorisch in einem kartesischen Koordinatensystem positionierenden NPMM werden Maschinenkonzepte entwickelt, die einen kollisionsfreien Zugang zu beliebigen Geometrieelementen im Raum erlauben. Die dementsprechend um Rotationen erweiterten kinematischen Freiheiten sollen die Präzisionsansprüche bisheriger

NPMM weiterhin erfüllen [DFG17; Man17]. Schwerpunkte sind dabei die Entwicklung von Konzepten für den Gesamtaufbau multiaxialer NPMM sowie ultrapräziser Drehachsen und deren Integration. Die Integration rotatorischer Positioniersysteme mit entsprechenden experimentellen Untersuchungen erfolgt am Beispiel einer in Ilmenau entwickelten und kommerziell erhältlichen NPMM mit einem Bewegungsbereich von 25 mm × 25 mm × 5 mm (NMM-1) [Hau02; SIO13].

1.3 Aufbau der Arbeit

Für die Erarbeitung konstruktiver Grundlagen für multiaxiale Nanofabrikationssysteme erfolgt in dem sich anschließenden Kapitel 2 die Analyse des Standes der Technik. Hierfür werden, basierend auf umfangreichen Konstruktionskatalogen, ultrapräzise rotatorische Positioniersysteme hinsichtlich ihrer Funktionsstruktur und grundlegenden Positioniereigenschaften untersucht. Sie bilden die Basis einer multiaxialen Gesamtstruktur, welche in Verbindung mit translatorischen Positioniersystemen bestehender NPMM konzipiert wird. Der Aufbau und die Wirkungsweise derartiger NPMM sowie NPMM und multiaxialer Fertigungsmaschinen, die auf rotatorischen Positioniersystemen basieren, sind Inhalte der sich anschließenden Kapitel.

Nach einer Definition der Entwicklungsziele der vorliegenden Arbeit in Kapitel 3 wird, aufbauend auf den aus dem Stand der Technik abgeleiteten Grundlagen, in Kapitel 4 der grundlegende Aufbau einer Fünfachs-NPMM entwickelt. Hierfür erfolgt die systematische Erarbeitung und Untersuchung von Gesamtstrukturkonzepten, die aus der Variation von Grundstrukturen kartesischer NPMM mit zusätzlich integrierten rotatorischen Positioniersystemen und diesen zugeordneten Messsystemen entwickelt werden. Nach einer Klassifizierung der Vielzahl entwickelter Funktionsstrukturen erfolgt die allgemein gültige Zusammenfassung in Funktionsstrukturgruppen mit ähnlichem Eigenschaftsprofil. Darauf aufbauend enthält Kapitel 4.1.3 vorteilhafte multiaxiale Gesamtstrukturkonzepte für NPMM mit translatorisch bewegtem Objekt.

Diese Gesamtstrukturkonzepte werden für das Funktionselement des rotatorischen Positioniersystems in den folgenden Kapiteln weiter detailliert.

Es erfolgt die systematische Erarbeitung von Kinematikstrukturvarianten, mit denen Rotationen in bis zu zwei Ebenen und damit um zwei Hauptdrehachsen möglich sind. Dabei wird die Kinematikstruktur u. a. hinsichtlich Gelenkanzahl, Lage der Momentanpole und Aufbau der Getriebestruktur differenziert. Dem schließt sich die Identifizierung vorteilhafter rotatorischer Kinematikstrukturen für NPMM mit translatorisch bewegtem Objekt an. Unter Anwendung eines Bewertungssystems werden geeignete Kinematikstrukturen für Rotationen eines Tools, eines Objektes oder einer Kombination im Anwendungsfeld der NPMM evaluiert. Nach einem Vergleich zu erwartender Messunsicherheiten erfolgt, im Rahmen des Konstruktiven Entwicklungsprozesses (KEP), die Detaillierung einer Vorzugsvariante für Rotationen eines Tools um zwei unabhängige Hauptdrehachsen und deren Integration in eine bestehende NPMM.

Aufbauend auf den im anschließenden Kapitel 5 durchgeführten experimentellen Untersuchungen der integrierten Toolrotationen hinsichtlich ihrer Eignung für Nanomess- und Nanofabrikationsprozesse werden in Kapitel 7 die rotatorischen Positioniersysteme in den metrologischen Kreis der NPMM einbezogen. Hierfür erfolgt die systematische Entwicklung und Inbetriebnahme einer NPMM-Gesamtstruktur mit In-situ-Mess- und Kalibrierverfahren für die Positionierabweichungen der Toolrotationen.

Schlussfolgerungen aus den Untersuchungen im Rahmen der vorliegenden Arbeit sind in Kapitel 8 in Form von allgemeinen Richtlinien für den konstruktiven Aufbau von Fünfachs-Nanopositionier- und Nanomessmaschinen zusammengefasst.

Das abschließende Kapitel 9 enthält die Zusammenfassung der Arbeit und einen Ausblick auf weitergehende Untersuchungen.

2 Stand der Technik

Die Ergebnisse einer ausführlichen Recherche zu bestehenden Ansätzen und Lösungen sowie die für das Verständnis elementarer Zusammenhänge nötigen Grundlagen bilden den Ausgangspunkt einer erfolgreichen Zielerfüllung. Im nachfolgenden Kapitel werden die zum Zeitpunkt dieser Arbeit etablierten Positionier- und Messsysteme höchster Präzision thematisiert. Die aufgeführten Inhalte erheben dabei keinen Anspruch auf Vollständigkeit. Sie beinhalten eine Zusammenfassung der für die Entwicklung einer multiaxialen NPMM relevanten Zusammenhänge. Für weitergehende Informationen sei auf die verwendete Fachliteratur verwiesen. Darin enthaltene normative Verweise werden in dem zum Zeitpunkt dieser Arbeit aktuellen Stand übernommen.

2.1 Ultrapräzise Positioniersysteme

Für die ultrapräzise, nanometergenaue Messung oder Fabrikation von Objekten sind mechatronische Systeme mit entsprechender Genauigkeit unabdingbar. In der Literatur liegen unterschiedliche Ansätze für die Definition dieses Begriffes und zugehöriger Funktionselemente vor [Erb+13; GBG18; Jan04; KB91; Ver04]. Die für das mechatronische System NPMM vorgenommene Abgrenzung ist in Abbildung 2.1 dargestellt und an [Erb+13] angelehnt. Demnach erfolgt innerhalb dieses Systems eine Energie- bzw. Leistungswandlung. Kinetische Energie wird, unter Einfluss entsprechender Stellglieder, einem Endeffektor und damit dem zu bewegenden Funktionselement zugeführt [Erb+13]. Bei NPMM basiert dieser Endeffektor typischerweise auf einem Messsystem oder Objektträger. Weiterhin charakteristische, aber nicht zwangsläufig erforderliche Elemente sind eine Gewichtskraftkompensation oder ein Übertragungsgetriebe. Zentraler Bestandteil einer NPMM sind ultrapräzise Positioniersysteme mit Verfahrwegen bis zu mehreren hundert

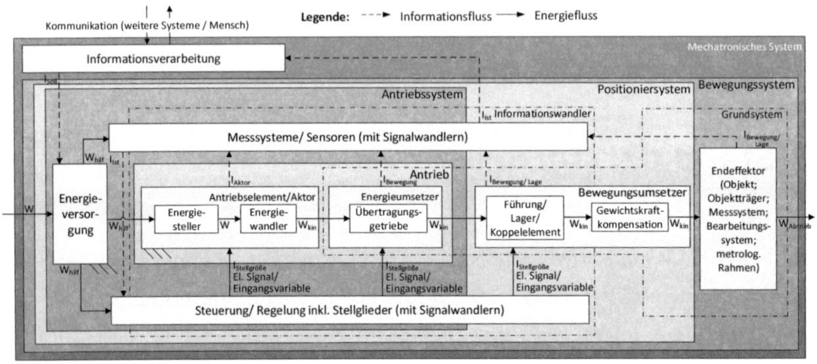

Abbildung 2.1: Funktionsstruktur eines mechatronischen Systems in Anlehnung an [Erb+13]

Millimetern sowie Positionierauflösungen und -wiederholbarkeiten im Nanometerbereich. Dies entspricht mehreren Größenordnungen im Vergleich zu dem nötigen Bewegungsbereich und wird vielfach durch Positioniersysteme mit Direktantrieben und damit ohne Übertragungsgetriebe, in Verbindung mit ultrapräzisen Messsystemen, realisiert (vgl. Kapitel 2.2). Positioniersysteme lassen sich weiterhin bezüglich der enthaltenen Funktionselemente charakterisieren (vgl. Abbildung 2.1).

Für die vorliegende Arbeit erfolgt die Differenzierung des Positioniersystems hinsichtlich des Bewegungsumsetzers. Wird für die lineare Bewegung eines Objektes relativ zu einem gewählten Bezug eine Führung verwendet, ist darunter ein translatorisches Positioniersystem zu verstehen. In der Literatur sind zudem die Bezeichnungen Lineartisch und Linearachse verbreitet [Aer19b; Sma19]. Im Gegensatz dazu wird für ein rotatorisches Positioniersystem ein Lager als Bewegungsumsetzer zur Realisierung einer Drehbewegung eines Objektes um einen als Rotationsachse gewählten Bezug verwendet. Für das rotatorische Positioniersystem sind ebenso die Bezeichnungen Rotationseinheit, Rotationstisch und Drehtisch geläufig [New19; Phy19a]. Sofern keine umlaufend rotatorische Bewegung möglich ist, wird die Bezeichnung des Segmentlagers eingeführt. Für Positioniersysteme mit Segmentlagern ist zudem der Begriff des Goniometers etabliert [Aer19a; Phy19a]

Im Rahmen dieser Arbeit werden umfangreiche Konstruktionskataloge mit systematisch und übersichtlich aufbereiteten Varianten ultrapräziser Positioniersysteme erstellt. Darin enthalten sind sowohl Positioniersysteme führender Hersteller im Bereich der Präzisionstechnik, als auch aus der Literatur und bestehenden Konstruktionskatalogen bekannte, allgemeingültige Prinzipvariationen mit den entsprechenden Eigenschaftsprofilen [Aer19b; Att19b; DR 19; Erb+13; GBG18; Hac10; HUB19; Jan04; Jan10; Mic19b; New19; OWI19c; Phy19a; Rot94; Sma19; Tön95]. So sind umfassende Angaben zu den jeweils verwendeten Aktoren, Energieumsetzern, Führungs- und Lagerprinzipen sowie Positioniereigenschaften, wie Auflösungen, Wiederholbarkeiten, Geschwindigkeiten und zulässige Kräfte und Momente übersichtlich gegenübergestellt. Derartige Angaben aus den entsprechenden Datenblättern wurden, falls nach Recherchen vorhanden, um zu erwartende Kosten für das jeweilige Positioniersystem ergänzt. Neben den für die vorliegende Entwicklung relevanten und kommerziell erhältlichen Positioniersystemen sind ebenfalls aus Forschungseinrichtungen sowie aktuellen Publikationen bekannte Sonderlösungen aufgeführt. Die aus wissenschaftlichen Publikationen entnommenen Datensätze wurden in einer umfassenden Literatur- und Patentrecherche in Kooperation mit dem Landespatentzentrum Thüringen (PATON) generiert [PAT16].

Die Abbildung 2.2 zeigt eine Auswahl von Systemen, mit denen eine rotatorische Positionierung möglich ist. Eine Differenzierung dieser Systeme kann hinsichtlich der eingesetzten Aktorprinzipe und ggf. vorhandener Übertragungsgetriebe erfolgen. Für die hochpräzise rotatorische Positionierung werden u. a. Piezoschrittaktoren (vgl. Abbildung 2.2e), bürstenlose Gleichstrommotoren (vgl. Abbildung 2.2a, 2.2b, 2.2c, 2.2f) oder Schrittmotoren mit optionalen Übertragungsgetrieben eingesetzt. Auf Basis der erstellten Konstruktionskataloge werden die Positioniersysteme hinsichtlich ihrer Aktorprinzipe, Kinematikvarianten und Koppelelemente in Relation zu den erreichten Positionierauflösungen, Reproduzierbarkeiten und Bewegungsbereichen gegenübergestellt. Dies ermöglicht die gezielte Auswahl eines geeigneten Systems, welches die gestellten Anforderungen erfüllt. Gleichzeitig lassen sich Tendenzen für eine Neu- oder Weiterentwicklung geeigneter Strukturvarianten auf Basis des umfassenden Informationssatzes ableiten und die gewünsch-

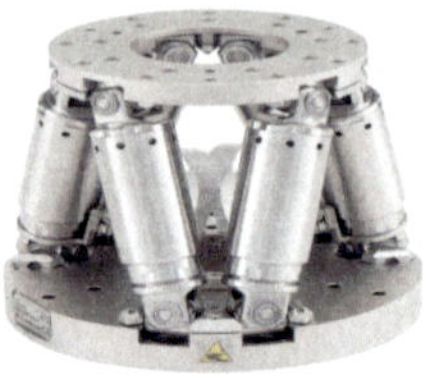

(a) Hexapod H-811 der Physik Instrumente (PI) GmbH & Co.KG

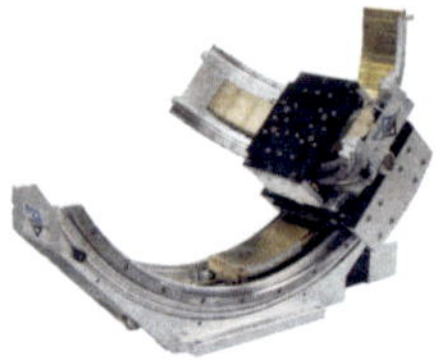

(b) Zwei kombinierte AGC-Goniometer der Aerotech Inc.

(c) AMG-200 Kardanring der Aerotech Inc.

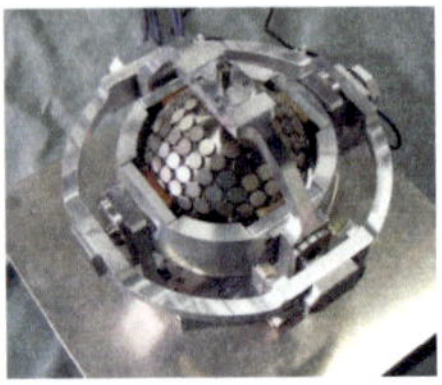

(d) Kugel-Synchronmotor des AIST

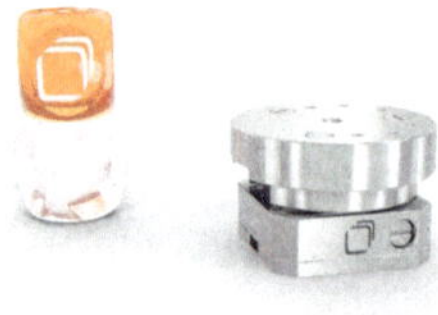

(e) Piezo-Rotationstisch ANR101 der Attocube Systems AG

(f) Kompakt-Drehtisch RGV100HL-S der Newport Corporation

Abbildung 2.2: Beispiele rotatorischer Positioniersysteme; von (a) bis (f) entnommen aus [Aer19a; Aer19b; Att19a; Nat11; New19; Phy19b]

ten Lösungen iterativ entwickeln.

Abbildung 2.3 zeigt eine Gegenüberstellung der Winkelauflösung des Positioniersystems (Positionierauflösung) und dem entsprechenden Bewegungsbereich von kommerziellen, rotatorischen Positioniersystemen für die in Kapitel 4.3 thematisierte Rotation eines Tastsystems. Der Bewegungsbereich wird als Kreisbogenlänge angegeben und ermöglicht dadurch für voll umlauffähige Systeme einen indirekten Rückschluss auf die Abmessungen und Masse der Rotationseinheit. Insbesondere Rotationstische auf der Basis von Piezoaktoren (vgl. Abbildung 2.2e) realisieren hohe Winkelauflösungen bis zu 0,009 µrad bei gleichzeitig kompakten Abmessungen.

Die absolute Tragfähigkeit derartiger Systeme ist vergleichsweise klein und liegt meist unterhalb von 10 N. Mit Systemen auf der Basis von Gleichstrommotoren (vgl. Abbildung 2.2f) werden Winkelauflösungen von bis zu

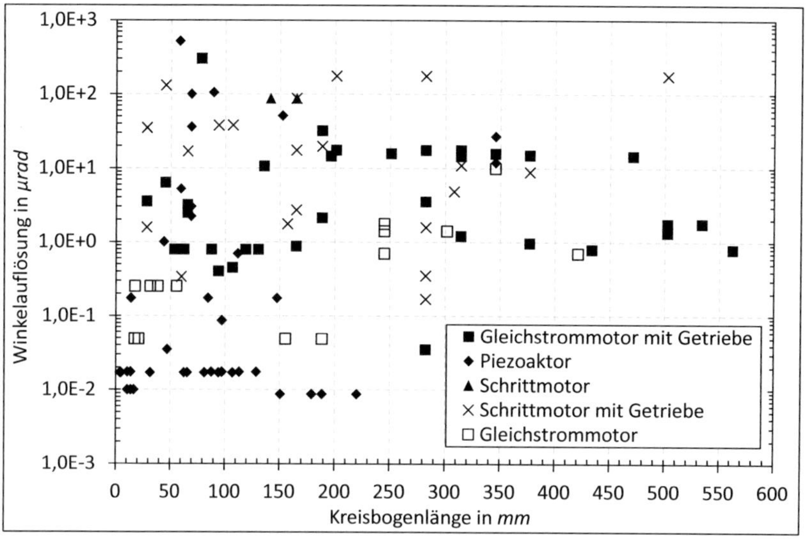

Abbildung 2.3: Positionierauflösung und Bewegungsbereich unterschiedlicher Aktorprinzipe rotatorischer Positioniersysteme

0,05 µrad realisiert, welche zudem sowohl in kompakten als auch großformatigen Positioniersystemen hoher Tragfähigkeit eingesetzt werden. Schrittmotoren, die vorwiegend in Verbindung mit Getrieben angeboten werden, ermöglichen ähnliche Positioniereigenschaften und Winkelauflösungen von bis zu 0,17 µrad. Die höchsten Winkelauflösungen erreichen Rotationseinheiten mit zusätzlichen Winkelmesssystemen in Kombination mit einem entsprechenden Regelungssystem.

Systeme höchster Positionierauflösung bei gleichzeitig großem Bewegungsbereich sind meist als Rotationstisch aufgebaut. Neben den Rotationstischen werden in Abbildung 2.4 die beiden Kinematikvarianten der kardanischen Rotationseinheit und des Goniometers hinsichtlich ihrer Positionierauflösung in Relation zu dem jeweiligen Bewegungsbereich gegenübergestellt. Die vergleichsweise geringe Kreisbogenlänge von Goniometern resultiert aus dem auf maximal ±45° begrenzten Bewegungsbereich (vgl. Abbildung 2.2b). Dieser wird insbesondere bei Varianten mit Gleichstrom- oder Schrittmotoren in Verbindung mit Getrieben als Antrieb am Umfang des Segmentlagers er-

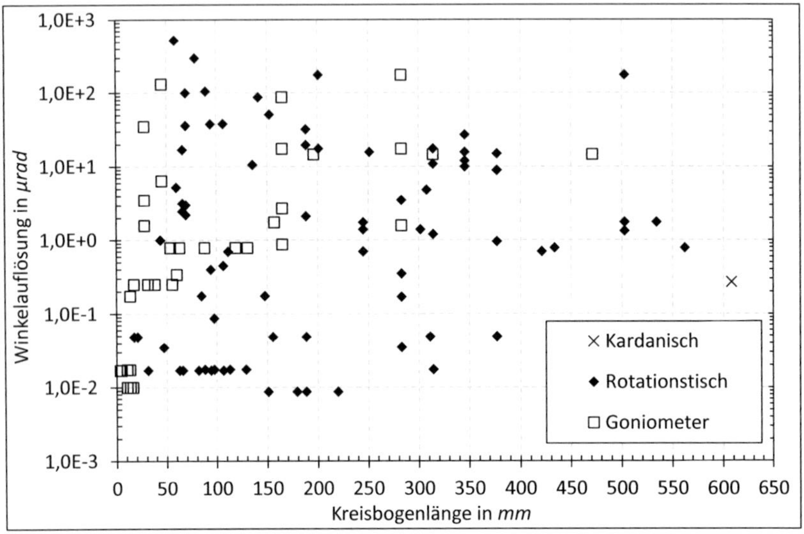

Abbildung 2.4: Positionierauflösung und Bewegungsbereich unterschiedlicher Kinematikvarianten rotatorischer Positioniersysteme

reicht. Damit einhergehend ist meist eine höhere Masse und ein größeres Volumen des Goniometers im Vergleich zu Rotationstischen mit vergleichbarer Kreisbogenlänge und Positionierauflösung. Die höchsten Winkelauflösungen lassen sich für Goniometer mit Piezoaktoren bei gleichzeitig signifikant eingeschränktem Bewegungsbereich erzielen.

Auf Basis der erstellten Konstruktionskataloge wurden die Positioniersysteme zudem hinsichtlich ihrer Lager- und Führungsprinzipe verglichen. Diese Bewegungsumsetzer tragen maßgeblich zu Radial-, Axial- und Taumelabweichungen bei (vgl. VDI-Richtlinie 2617) [Ver06]. Besonders geringe Abweichungen können durch den Einsatz von Luftlagern erreicht werden, die insbesondere bei Rotationstischen und damit vollständig umlaufenden rotatorischen Positioniersystemen eingesetzt werden. Radial- und Axialabweichungen kleiner als 100 nm sowie Taumelabweichungen kleiner als 2 µrad sind mit kommerziell erhältlichen Rotationstischen möglich [Phy18]. Alternativ hierzu werden Wälzkörper für die Lagerung verwendet. Ein Vergleich beider Varianten für bspw. den Ultra-Präzisions-Rotationstisch UPR-120, welcher sich in seinen beiden Varianten lediglich durch das Luft- bzw. Kreuzrollenlager unterscheidet, zeigt eine Erhöhung der Radial-, Axial- und Taumelabweichungen um mindestens eine Größenordnung bei dem Wechsel von Luft- auf Wälzlagerung [Phy17f].

Im Vergleich zu Rotationstischen werden für kommerziell erhältliche Goniometer hauptsächlich Wälzsegmentlager eingesetzt. Eine Verringerung der Radial-, Axial- und Taumelabweichungen durch die technisch anspruchsvolle Integration spezieller radialer Luftlagersegmente [New18] ist zum Zeitpunkt dieser Arbeit nicht kommerziell erhältlich. Für beide Lagerprinzipe ist eine generelle Zunahme der Radial-, Axial- und Taumelabweichungen mit Verringerung der Lagergröße auf Basis der erstellten Konstruktionskataloge erkennbar.

Im Unterschied zu einzelnen Rotationstischen und Goniometern können auch mehrere Aktoren und Koppelelemente zu mehrachsigen Positioniersystemen kombiniert werden. Mit parallelkinematischen Hexapoden (vgl. Abbildung 2.2a) lassen sich hierdurch Rotationen mit variablem Drehzentrum

Tabelle 2.1: Gegenüberstellung von Bewegungsbereich und unidirektionaler Wiederholbarkeit ultrapräziser multiaxialer Positioniersysteme

Positioniersystem	**Bewegungsbereich**		**Wiederholbarkeit**		**Quelle**
	Translation (x/y/z) in mm	Rotation ($\varphi_x/\varphi_y/\varphi_z$) in rad	Translation (x/y/z) in ± nm	Rotation ($\varphi_x/\varphi_y/\varphi_z$) in ± µrad	
HEX500-350HL	110/110/54	0,38/0,38/0,7	250/250/150	0,5/0,5/0,5	[Aer18]
N-865 NEXACT	13/13/10	0,24/0,24/0,28	40/30/20	5/7/7	[Phy18]
SMARPOD P-SLC-24	119/119/12	0,54/0,47/0,73	200/200/200	10/10/10	[Sma18]
hexaCUBE 190	30/30/40	0,91/0,73/0,66	50/50/50	1/1/1	[Att18]
MINIHYBRID HEXAPOD	60/60/15	0,17/0,17/6,28	≤ 80/80/80	k.A.	[ALI18]
6-DOF compliant redundant parallel robot	9,7/9,7/9,5	0,24/0,24/0,24	k.A.	k.A.	[YL10]
6-DOF nanopositioning system	4/4/4	0,07/0,07/0,07	k.A	k.A.	[KG12]

realisieren. Der durch die sechs Freiheiten vergleichsweise komplexe Gesamtaufbau von Hexapoden ermöglicht Winkelauflösungen von bis zu 0,19 µrad. In der Tabelle 2.1 sind Beispiele multiaxialer Positioniersysteme aufgeführt, mit denen sich ultrapräzise Bewegungen mit drei Translationen und drei zugehörigen Rotationen mit kleinsten Schrittweiten im Nanometerbereich realisieren lassen. Eine möglichst genaue Positionierung wird durch eine hohe Wiederholbarkeit erreicht, welche für eine unidirektionale translatorische Bewegung bereits Werte unterhalb von ±200 nm über den gesamten Bewegungsbereich von mehr als 100 mm annimmt. Neben kommerziell erhältlichen Hexapoden sind insbesondere die ebenfalls aufgeführten multiaxialen Positioniersysteme auf der Basis von nachgiebigen Mechanismen Gegenstand aktueller Forschung [KG12; YL10]. Bei vergleichbarem Bauraum sind die Bewegungsbereiche derartiger Systeme meist geringer.

2.2 Nanopositionier- und Nanomessmaschinen mit translatorischen Positioniersystemen

Mit Koordinatenmessgeräten (KMGs) werden die Oberfläche eines Objektes optisch oder taktil punktweise bestimmt und die Koordinatenwerte auf der Basis eines gerätetechnisch festgelegten Koordinatensystems weiterverarbeitet [WG99]. Das Objekt wird hierzu meist durch ein Positioniersystem relativ zu einem Tastsystem translatorisch innerhalb eines kartesischen Koordinatensystems bewegt [WG99]. Erreichen die Positionier- und Messunsicherheit die Größenordnung weniger Nanometer, ist zudem die Bezeichnung NPMM geläufig [BJ14; Hau+11]. NPMM lassen sich hinsichtlich ihrer Funktionsstruktur nach den drei Prinzipen Scanning Probe Mode (SPM), Scanning Sample Mode (SSM) und Mixed Scanning Mode (MSM) klassifizieren (vgl. Abbildung 2.5) [BJ14; Hau+11].

Die Unterscheidung ist durch die Art des Endeffektors gegeben, dessen Bewegung durch das Positioniersystem erfolgt. Der SPM beinhaltet bspw. ein Tastsystem mit einer Relativbewegung zu einem fest stehenden Objekt, die mit einem geeigneten Messsystem gegenüber einer am metrologischen Rahmen befestigten Referenz gemessen wird. Dieser Aufbau ist insbesondere aus dem Bereich der konventionellen Koordinatenmessgeräte bekannt. Mit dem

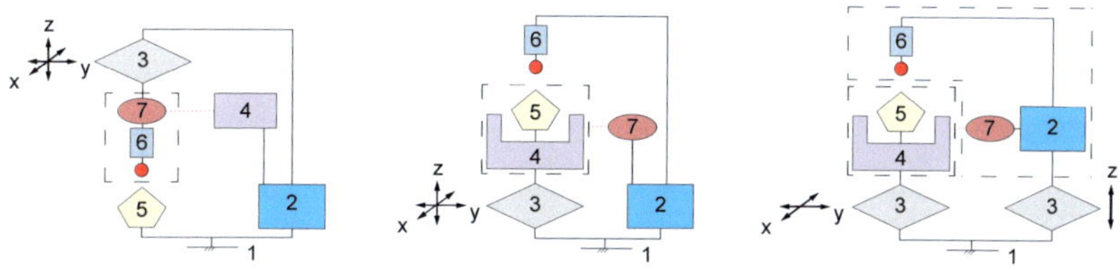

(a) Scanning Probe Mode (b) Scanning Sample Mode (c) Mixed Scanning Mode

Abbildung 2.5: Funktionsstrukturen von NPMM: 1 Gerätebasis, 2 metrologischer Rahmen, 3 translatorisches Positioniersystem, 4 Referenz des Messsystems, 5 Objekt, 6 Tastsystem, 7 Messsystem, −− =positionierter Endeffektor, in Anlehnung an [BJ14]

KMG Xenos der Firma Carl Zeiss Industrielle Messtechnik GmbH können bspw. Objekte innerhalb eines Messvolumens von $900 \times 1500 \times 700\,\mathrm{mm}^3$ mit einer Längenmessabweichung $\leq 2{,}5\,\mu\mathrm{m}$ vermessen werden [Car19]. Für kleine Längen sind zudem Messabweichungen $\leq 500\,\mathrm{nm}$ möglich.

Der konstruktive Ansatz des SSM besteht in der Positionierung eines Objektträgers, welcher gleichzeitig als Referenz für das Messsystem dient, relativ zu dem mit dem metrologischen Rahmen fest stehenden Tastsystem (vgl. Abbildung 2.5b). Diese Funktionsstruktur ermöglicht insbesondere die Einhaltung des Abbe'schen Komparatorprinzips in allen drei Messachsen. Die Maßverkörperung ist demnach fluchtend mit der zu messenden Strecke angeordnet, wodurch Kippfehler erster Ordnung vermieden werden [Abb90]. Dieses Prinzip des bewegten Messobjektes wird für die an der Technischen Universität Ilmenau entwickelten NPMM verfolgt. Die Messung der in drei Achsen kartesisch angeordneten translatorischen Bewegungen des Objektes erfolgt mit Laserinterferometern an einer reflektierenden Referenz, der sogenannten Spiegelecke. Das Koordinatensystem der NPMM ist durch die Strahlen der Interferometer definiert, welche sich virtuell in einem Punkt kreuzen. Für die Spiegelecke werden daher, wie für den gesamten metrologischen Kreis, insbesondere Materialien mit möglichst geringem thermischen Ausdehnungskoeffizienten und hoher geometrischer Langzeitstabilität eingesetzt. Verkippungen der Spiegelecke werden durch mehrstrahlige Interferometer bzw. zusätzliche Winkelmesssysteme, wie Autokollimatoren, erfasst. Der Kreuzungspunkt der

Interferometer (Abbepunkt) entspricht zudem dem Antastpunkt des Tastsystems. Basierend auf dem SSM sind mit der an der TU Ilmenau entwickelten NPMM-200 Auflösungen von 20 pm und Messreproduzierbarkeiten von 80 pm bei der Messung von Stufenhöhennormalen innerhalb des Messvolumens von $200 \times 200 \times 25\,\mathrm{mm}^3$ möglich [Man+19]. Dies entspricht einem Auflösungsverhältnis von zehn Größenordnungen. Die erreichbare Dynamik der Bewegung des Messobjektes insbesondere in vertikaler Richtung wird für zunehmende Messvolumina des SSM durch die höhere Masse des Endeffektors Spiegelecke eingeschränkt [Lot+07].

Ein Ansatz zur Reduktion der bewegten Massen besteht bei dem MSM in einer Positionierung sowohl des Objektes als auch des Tastsystems (vgl. Abbildung 2.5c). Die vertikal zu bewegenden Massen lassen sich im Vergleich zu dem SSM reduzieren, sofern die Massen des Tastsystems, zugehöriger Koppelelemente und die ebenfalls zu bewegenden Messsysteme der Vertikalbewegung geringer sind.

Wie aus der Übersicht in Tabelle 2.2 ersichtlich, basiert ein Großteil der weltweit im Einsatz befindlichen NPMM auf dem Prinzip des bewegten Messobjektes bzw. einer kombinierten Bewegung von Messobjekt und Tastsystem. Aktuelle Entwicklungsziele beinhalten u. a. eine Skalierung der Maschinenkonzepte, wie aus der Entwicklungshistorie an der TU Ilmenau (von NMM-1 zu NPMM-200) ersichtlich. Inzwischen liegen die Arbeitsbereiche bei mehreren hundert Millimetern mit Längenmessauflösungen atomarer Größenordnung und Messunsicherheiten unter 100 nm.

Die Charakterisierung von Objekten mit derartigen Auflösungen und Genauigkeiten wird unter anderem durch eine Reihe konstruktiver Besonderheiten erreicht. Aus der Analyse bekannter NPMM werden grundlegende Eigenschaften dieser Systeme abgeleitet:

- Die Einhaltung des **Abbe'schen Komparatorprinzips** ist für möglichst alle Messachsen gegeben. Idealerweise werden alle Positionierabweichungen des Endeffektors messtechnisch erfasst und im Rahmen der Regelung und Modellbildung berücksichtigt.

- Der **metrologische Rahmen** weist als Verbindung der Messsysteme eine hohe geometrische Langzeitstabilität auf. Typische Materialien des

Tabelle 2.2: Aufbau und Funktion ausgewählter NPMM, *= Entwicklungsziel

NPMM	Funktionsprinzip	Arbeitsbereich (x/y/z) in mm	Längenmessauflösung in nm	3D-Messunsicherheit in nm	Quellen
NMM-1	SSM	25/25/5	0,1	$\leq$ 50	[BJ14; Hau+11; SIO13]
NPMM-200	SSM	200/200/25	0,02	$\leq$ 30	[BJ14; Hau+11; Man+19]
UPCMM	SSM	100/100/40	5	$\leq$ 50	[BJ14; Rui01]
ISARA	SSM	100/100/40	0,39	$\leq$ 30	[BJ14; IBS15a; Seg07]
TriNano N100	SSM	40/40/40	1	$\leq$ 210	[BJ14; tri19]
TriNano N300	SSM	40/40/40	1	$\leq$ 370	[BJ14; tri19]
Long range scanning stage	SSM	25/25/0,1	0,1	$\leq$ 10*	[HHT00; Lot09]
ISARA 400	MSM	400/400/100	1,6	$\leq$ 109	[BJ14; IBS15b]
NRC Metrological AFM	MSM	40/40/6	0,5*	$\leq$ 1*	[BJ14; IBS15b]
micro-CMM	MSM	20/20/10	1	$\leq$ 30	[BJ14; Fan+06]
µCMM	MSM	24/34/35	$\leq$ 10	k.A.	[BK05; Lot09]
Molecular Measuring Machine	MSM	50/50/3	$\leq$ 1	$\leq$ 300	[BJ14; KDO11]
Small CMM	MSM	50/50/50	k.A.	$\leq$ 50	[Lea+01; Lot09]
NanoCMM	SPM	50/50/4	1	$\leq$ 30	[Hau+11; Seg07]
Panasonic UA3P-4	SPM	100/100/35	0,3	$\leq$ 50	[Pan19]
Panasonic UA3P-5	SPM	200/200/45	0,3	$\leq$ 100	[Pan19]

metrologischen Rahmens haben einen thermischen Ausdehnungskoeffizienten nahe Null und eine geringe Wärmeleitfähigkeit. Dies garantiert eine geringe, gleichmäßige Längenänderung des Messsystemträgers und somit minimale Messabweichungen durch Verformung. Beispiele für Materialien des metrologischen Rahmens sind technische Gläser (Quarzglas, ULE), Glaskeramiken (Zerodur, Astrositall) und spezielle Eisen-Nickel-Legierungen (Invar36, Super Invar 32-5) [Hau+11].

- Für die **Referenz des Messsystems** gelten ähnliche Anforderungen an die dimensionale Stabilität, wie für den metrologischen Rahmen. Wird die Referenz als bewegter Objektträger (Spiegelecke) genutzt, sollte ihre bewegte Masse zugunsten einer höheren Dynamik reduziert werden. Gleichzeitig sind Verformungen durch Biegung und Torsion über eine hohe Steifigkeit zu vermeiden sowie Kräfte und Momente auf kürzestem und direktem Weg weiterzuleiten [KB00]. Es sind höchste Ansprüche an die reflektierende Oberfläche in Form von hohem Reflexionsgrad und hoher Ebenheit zu erfüllen. Die in NPMM eingesetzten Messspiegel weisen fertigungsbedingte Abweichungen von einer idealen Ebene von wenigen Nanometern auf oder sind mit Normalspiegeln kalibriert. Die gemessenen Profilabweichungen werden tabellarisch erfasst und zur Korrektur der Messwerte der Längenmesssysteme verwendet [Hau+11; Lot09; Rui01].

- Die **Gerätebasis** weist eine hohe Masse gegenüber der bewegten Masse des Bewegungssystems auf und leitet idealerweise Kräfte und Momente des Positioniersystems nicht an den metrologischen Rahmen weiter. Zudem sollte der Schwingungseintrag der Umgebung und insbesondere des Gebäudes minimiert werden. Daher ist die Gerätebasis unter anderem über entsprechende Dämpfungssysteme an ein separates Fundament angebunden. Materialien der Gerätebasis sind bspw. spannungsarmer Naturstein, Polymerbeton oder hydraulisch gebundener Beton [CHa+; Hau+11].

- Als **Messsysteme** für die Position des Endeffektors kommen aufgrund der hohen Anforderungen an Messbereich ($\geq$ 10 mm) und Auflösung ($\leq$ 1 nm) sowie zur Realisierung des Abbe'schen Komparatorprinzips für alle Bewegungsachsen oft Interferometer als Längenmesssystem zum Einsatz. Die Reduzierung der Messunsicherheiten der Längenmessungen kann mittels zusätzlicher Winkelmessungen durch Autokollimatoren oder mehrstralige Interferometer erfolgen. Für eine weitere Verringerung der Messunsicherheiten sind Messsysteme für die Umgebungsparameter Temperatur, Luftfeuchte und Luftdruck nötig. Idealerweise erfolgt die Messung dieser Umgebungsparameter in direkter Nähe zu den Längenmesssystemen. Messunsicherheiten im Nanometerbereich sind mit NPMM insbesondere durch ein parallel metrologisches Konzept möglich. Hierbei werden alle translatorischen und rotatorischen Positionswerte direkt an dem in mehreren Achsen positionierten Endeffektor gemessen. Dies erlaubt die regelungstechnische Berücksichtigung von bspw. reproduzierbaren Bahnabweichungen der verwendeten Führungen [Hau+11].

- Durch das **Positioniersystem** sind höchste Ansprüche an die Positionierreproduzierbarkeit sowie Auflösung über einen vergleichsweise großen Bewegungsbereich zu erfüllen. Dies wird unter anderem durch elektromagnetische Linearaktoren in Kombination mit aerostatischen Führungen oder Wälzkörperführungen höchster Präzision realisiert.
  Durch geeignete konstruktive Lösungen wird die Gewichtskraft des Endeffektors kompensiert. Die größten Wärmequellen sind von den Messsystemen separiert bzw. konstruktiv mit Elementen für den Wärmeabtransport ausgestattet.

- Für das **Tastsystem** von NPMM kommen vorwiegend taktile oder optische Sensoren zum Einsatz, welche meist punktförmig mit Auflösungen von wenigen Nanometern oder darunter messen. Wie in Abbildung 2.6 beispielhaft für die an der TU Ilmenau maßgeblich eingesetzten Sensoren gezeigt, werden die Tastsysteme hinsichtlich ihrer Eignung für das jeweilige Messobjekt ausgewählt. Gegenstand aktueller Forschungsprojekte ist der Übergang von der messtechnischen Erfassung der Objektgeometrie hin zu einer Manipulation der Objektoberfläche bzw. Objektfertigung [Man17]. Vor diesem Hintergrund werden die bestehenden Tastsysteme mit möglichen Bearbeitungssystemen zu dem Begriff Tool zusammengefasst.

Typische Messobjekte für NPMM sind nanostrukturierte Halbleiter- und Optikbauteile mit äußeren Abmessungen bis zu 400 mm (Wafer, Asphären),

Mikro- und Nanoelektromechanische Systeme (MEMS, NEMS), Strukturhöhen- und Strukturbreitennormale sowie nanostrukturierte Kleinstproben mit Abmessungen im Mikrometerbereich. NPMM schließen damit die Lücke zwischen Rastersondenmikroskopen und konventionellen Koordinatenmessgeräten [Hau+11]. Limitiert werden NPMM mit bewegtem Objekt (SSM + MSM) bei zunehmenden Arbeitsvolumina hinsichtlich der steigenden Masse der Spiegelecke und damit einer Verringerung der Dynamik sowie einem höheren Wärmeeintrag durch leistungsfähigere Aktoren. Inverse Kinematikkonzepte sind daher Gegenstand aktueller Forschung [OMF18]. Ferner können NPMM mit den bestehenden Tastsystemen in Verbindung mit der kartesischen Grundstruktur lediglich Objekte mit einer geringen Oberflächenkrümmung ohne signifikante Erhöhung der Messunsicherheit charakterisieren [Man17; Pan19; Sch13].

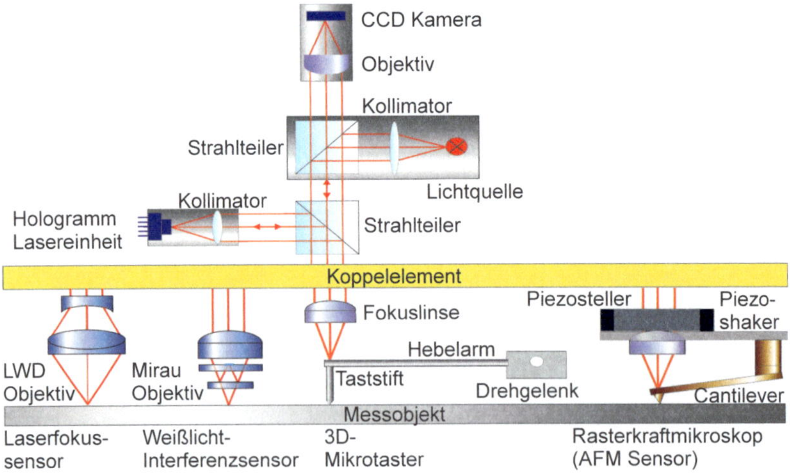

Abbildung 2.6: Multisensorkonzept Ilmenauer NPMM auf Basis des Laserfokusprinzips nach [MJH12]

2.3 Nanopositionier- und Nanomessmaschinen mit rotatorischen Positioniersystemen

Insbesondere für die Vermessung von rotationssymmetrischen Bauteilen mit zum Teil starken Oberflächenkrümmungen, wie sphärische und asphärische Linsen, sind Messgeräte mit gekrümmten Koordinatenlinien und damit einem Zylinder- oder Kugelkoordinatensystem vorteilhaft [Hau+11; PS10; WG12].

Mit den kommerziell erhältlichen Messgeräten der LuphoScan Plattform können rotationssymmetrische Objekte bis zu einem Durchmesser von 420 mm mit einer Formmessunsicherheit $\leq \pm 50\,\text{nm}$ (2σ) und Reproduzierbarkeit $\leq \pm 20\,\text{nm}$ (2σ) vermessen werden (vgl. Abbildung 2.7) [AME19a; LUP14]. Innerhalb des Arbeitsvolumens sind Neigungen der Oberfläche zur Horizontalen $\leq 90°$ mit einer Scheitelpunkthöhe von 80 mm (konvex) bzw. -50 mm (konkav) zulässig. Der Gesamtaufbau entspricht dem MSM mit einer Positionierung des Tastsystems in zwei translatorischen und einer rotatorischen Achse sowie einer Rotation des Messobjektes um die Hochachse. Die optisch arbeitende, berührungslose Abstandsmessung basiert auf der fasergekoppelten Mehrwellenlängen-Interferometrie und wird für die Objektcharakterisierung sowie Längenmessung zwischen Tastkopf und Referenzspiegeln verwendet. Der metrologische Rahmen besteht aus Invar und ist an eine pneumatisch

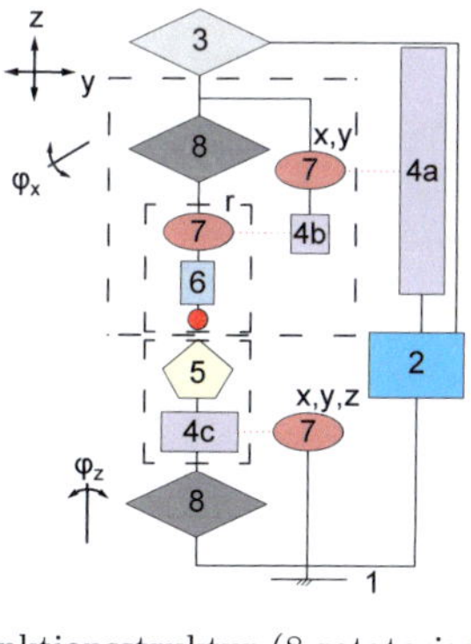

(a) Funktionsstruktur (8 rotatorisches Positioniersystem, sonst. vgl. Abbildung 2.5)

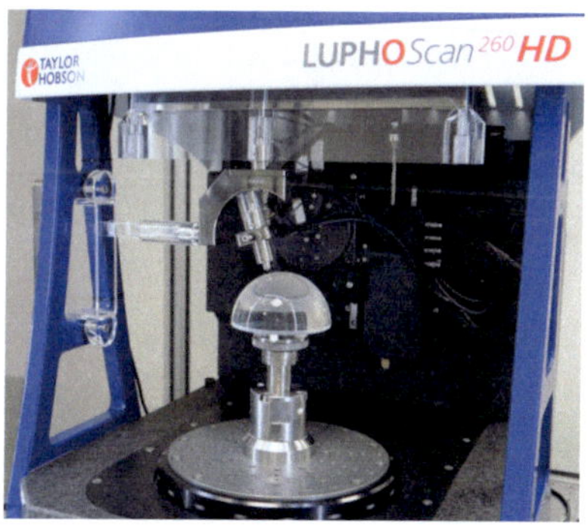

(b) Gesamtaufbau [AME19a]

Abbildung 2.7: LuphoScan 260-420 HD Plattform

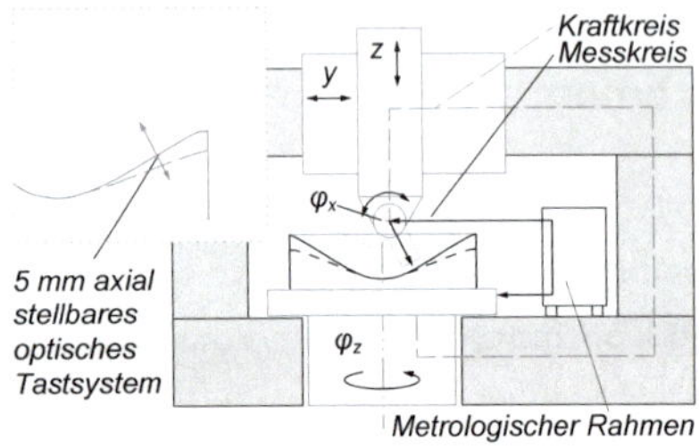

(a) Maschinenkonzept [Ven+10]

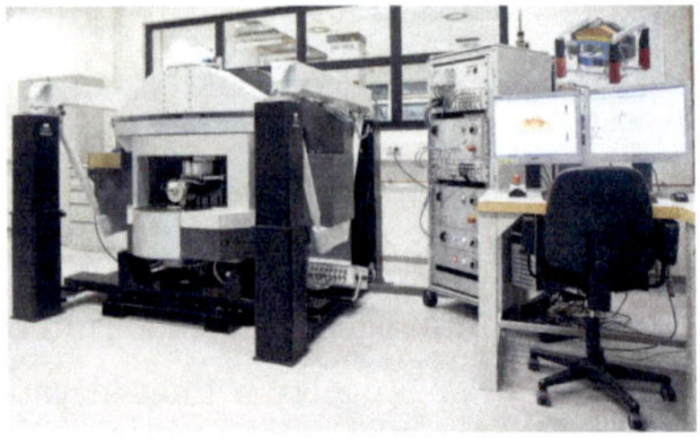

(b) Gesamtaufbau [Hen09]

Abbildung 2.8: NANOMEFOS- Non-contact Measurement Machine

gegenüber der Umgebung schwingungsgedämpfte Natursteinbasis angebunden.

Koordinatenmessgeräte mit gekrümmten Koordinatenlinien und Messunsicherheiten im Nanometerbereich sind zudem Gegenstand aktueller Forschungsprojekte. Mit der an der Eindhoven University of Technology entwickelten Nanomefos (vgl. Abbildung 2.8) können insbesondere rotationssymmetrische Objekte in einem zylindrischen Messvolumen von $\varnothing 500 \times 100\,\text{mm}^3$ mit einer Messunsicherheit von $\leq 30\,\text{nm}$ (2σ) vermessen werden [Hen+05; Hen09]. Die Funktionsstruktur ähnelt, bis auf einen Tausch von Messsystem und Referenz für die Positionierabweichungen der Rotation des Tastsystems, der der kommerziellen LuphoScan Plattform (vgl. Abbildung 2.7). Das Messobjekt wird optisch mit einem differentiell konfokalen Tastsystem vermessen, dessen Arbeitsbereich durch ein axial stellbares Objektiv mit parallel interferometrischer Abstandsmessung erweitert wurde. Durch die axiale Nachführung des Tastsystems können selbst nanostrukturierte Freiformflächen mit geringer Neigung charakterisiert werden.

2.4 Multiaxiale Fertigungsmaschinen für die Nanostrukturierung

Für die Herstellung rotationssymmetrischer Objekte mit nanostrukturierten Oberflächen werden insbesondere multiaxiale Fertigungsmaschinen höchster Präzision eingesetzt. Die multiaxiale Funktionsstruktur basiert bei diesen

Maschinen auf einer Kombination aus translatorischen und rotatorischen Positioniersystemen. Das Werkstück rotiert dabei CNC-gesteuert mit hohen Drehzahlen relativ zu dem entsprechenden Werkzeug. Die Nanostrukturierung erfolgt u. a. mit Diamantspitzen mit geometrisch bestimmter Schneide oder einem Bearbeitungslaser.

Mit dem in Abbildung 2.9a dargestellten 5-Achs-Bearbeitungszentrum Micromaster 5x der Firma Kugler GmbH können Werkstücke innerhalb eines Volumens von $300 \times 300 \times 200\,\mathrm{mm}^3$ bearbeitet werden. Basierend auf einer hydrostatischen Lagerung aller Achsen sind Positioniergenauigkeiten $\leq \pm 300\,\mathrm{nm}$ mit Verfahrgeschwindigkeiten bis 6000 mm/min bei einer absoluten Systemgenauigkeit $\leq \pm 500\,\mathrm{nm}$ möglich. Die Funktionsstruktur entspricht einem vertikalen MSM, bei dem das Tool translatorisch in drei Achsen über dem um zwei Achsen drehbaren Werkstück positioniert wird. Die Multitoolschnittstelle ermöglicht u. a. den Einsatz eines Pikosekundenlasers für den hoch genauen Materialabtrag [Kug15].

Eine horizontale Variante des MSM wird in Form von jeweils einer translatorischen und einer rotatorischen Bewegung des Werkstückes bzw. des Tools der Nanotech-450UPL der Firma Moore Nanotechnology Systems LLC umgesetzt (vgl. Abbildung 2.9b). Innerhalb eines Volumens von $300 \times 300 \times 100\,\mathrm{mm}^3$ wird bei dieser speziellen Drehmaschine ein Werkstück bei Drehzahlen der aerostatisch gelagerten Spindel von bis zu $10000\,\mathrm{min}^{-1}$ mit einem Diamantspitzentool bearbeitet [Moo19].

Der vergleichbare Aufbau der Nanoform 250 von Precitech ermöglicht durch

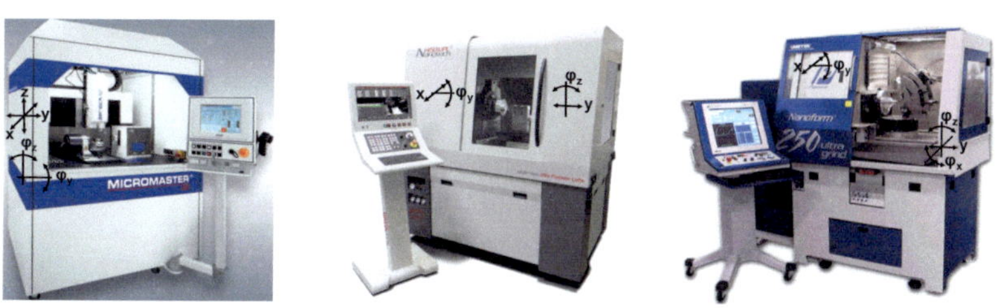

(a) Micromaster-5x [Kug15]

(b) Nanotech-450UPL [Moo19]

(c) Precitech Nanoform 250 [AME19b]

Abbildung 2.9: Multiaxiale Fertigungsmaschinen für die Nanostrukturierung eine zusätzliche Schwenkachse zudem die Nanostrukturierung von Freiformflächen innerhalb von $220 \times 220 \times 220\,\text{mm}^3$ (vgl. Abbildung 2.9c). Formgenauigkeiten von $\leq 150\,\text{nm}$ und Oberflächenrauheiten von Ra $\leq 150\,\text{nm}$ sind mit dieser 5-Achs-Maschine Diamant gedreht möglich [AME19b]. Hauptanwendungsbereiche sind das Schleifen sphärischer und asphärischer Glaslinsen sowie metallischer Formeinsätze für das Abformen von optischen Bauteilen.

Mit alternativen Baureihen der aufgeführten Hersteller und vergleichbaren Plattformen, wie der Fanuc Robonano Baureihe [FAN19], sind ähnliche Positioniereigenschaften möglich.

3 Entwicklungsziele der vorliegenden Arbeit

Als Ergebnis einer umfassenden Literaturrecherche definieren NPMM mit makroskopischen Bewegungsbereichen in Größenordnungen von Wafergeometrien und Positionierwiederholgenauigkeiten im Nanometerbereich den Stand der Technik für Koordinatenmessgeräte. Die Mehrheit dieser Systeme basiert auf drei unabhängigen translatorischen Bewegungen in einem kartesischen Koordinatensystem. In Abhängigkeit von den für die Vermessung des Objektes genutzten Tools sind sphärische und asphärische Geometrien starker Krümmung sowie Freiformflächen und Hinterschnitte oft nicht oder nur bedingt messbar. Verfahren der Spitzen- und Laser-basierten 3D-Nanofabrikation in makroskopischen Arbeitsbereichen erfordern künftig Lösungen für die Charakterisierung makroskopischer Komplexgeometrien mit Nanometerpräzision [Man17]. Zwar können mit multiaxialen Fertigungsmaschinen selbst Freiformflächen nanostrukturiert werden. Jedoch sind in Bezug auf die Positionierunsicherheit, selbst für rein translatorische Bewegungen gleicher Bewegungsbereiche, die Werte von kartesischen NPMM unerreicht. Es sind NPMM bekannt, die mit zwei translatorischen und zwei rotatorischen Positioniersystemen insbesondere für die Vermessung von rotationssymmetrischen Objekten geeignet sind. Die Grenzen derartiger Systeme liegen jedoch in der Charakterisierung großflächiger, nicht rotationssymmetrischer Objekte mit Freiformflächen. Zudem ist ihr Anwendungsbereich durch die Verwendung eines jeweils speziellen optischen Tastsystems limitiert. Ein hohes Potential ergibt sich durch die Erweiterung Multitool basierter kartesischer NPMM um zwei ultrapräzise rotatorische Positioniersysteme. Wie aus der Literatur bekannt ist [Sch13], profitiert ein Großteil der in NPMM eingesetzten Tools bereits von zwei zusätzlichen Rotationen. Dies ermöglicht den Fünfachsbetrieb in einem makroskopischen Arbeitsbereich bei gleichzeitiger Beibehaltung der Nanometerpräzision.

Maßgeblicher Inhalt der vorliegenden Arbeit sind konstruktionswissenschaftlich erarbeitete Grundlagen. Diese beinhalten eine Analyse und Aufbereitung, die Konzeption in Form von Funktions- und Prinzipsynthese sowie die Gestaltung und Inbetriebnahme von Demonstratoren für Funktionsnachweise und zur Untersuchung grundlegender Eigenschaften von Fünfachs-Nanopositionier- und Nanomessmaschinen. Die metrologische Konzeption und Verifizierung erfolgt in Zusammenarbeit mit Forschergruppen des Institutes für Prozessmess- und Sensortechnik (PMS) der TU Ilmenau [Ins20]. Im Umfeld des Graduiertenkollegs NanoFab wird in enger Kooperation mit Herrn Florian Fern (PMS) ein gemeinsamer Gesamtaufbau einer Fünfachs-Nanopositionier- und Nanomessmaschine entwickelt. Teile der in gegenseitiger Unterstützung durchgeführten metrologischen Untersuchungen und experimentellen Versuchsreihen sind in der parallelen Dissertation von Herrn Fern mit dem voraussichtlichen Titel „Metrologie in fünfachs Nanomess- und Nanopositioniermaschinen“ enthalten [Fer20]. In der vorliegenden Arbeit wird an geeigneter Stelle mit Querverweisen auf gemeinsame Veröffentlichungen und die parallele Dissertation hingewiesen.

4 Fünfachs-Nanopositionier- und Nanomessmaschinen

Die Erweiterung bestehender kartesischer NPMM um zwei zusätzliche rotatorische Freiheiten, unter der Prämisse einer nicht signifikanten Erhöhung der Positionierunsicherheiten des Gesamtsystems, wird nachfolgend nach dem Bottom-up Prinzip beschrieben. Dabei werden die NPMM-Grundstrukturen systematisch auf die Erweiterbarkeit durch rotatorische Positioniersysteme untersucht. Hierzu werden in einem ersten Schritt modular erweiterte Gesamtstrukturkonzepte auf der Basis von Funktionsstrukturen bekannter NPMM entwickelt. Diese allgemeingültigen Variationen bilden die Basis einer schrittweisen Annäherung an das Optimum einer Vielfalt von potentiellen Lösungen. Die Suche nach einer geeigneten Gesamtstruktur zu einer geforderten Funktion orientiert sich am Konstruktiven Entwicklungsprozess (KEP) nach Ilmenauer Vorbild [Erb+13; FG13; Kra18].

Im Umfeld der Nanopositionier- und Nanomesstechnik sind die funktionellen Eigenschaften der jeweiligen Gesamtstruktur aufgrund des meist fehlenden Detailwissens über die genaue Gestalt schwer quantitativ einzuschätzen [Hac10]. Daher erfolgt die Eignungsprüfung auf Basis der hinsichtlich ihrer Eigenschaften quantifizierbaren Funktionsgruppen. Dies beinhaltet unter anderem die Integration kommerzieller rotatorischer Positioniersysteme in NPMM unter Einbezug von existierenden Kinematikstrukturkonzepten und in dieser Arbeit am Beispiel der an der TU Ilmenau entwickelten NMM-1. Der Funktionserfüllung sind ökonomische, ästhetische und fertigungsbezogene Merkmale untergeordnet [FG13; Kra18]. Es werden insbesondere die Eigenschaften der Tool- und Objektrotation verglichen und ein geeignetes Konzept konstruktiv umgesetzt. Die Bewertung und Detaillierung der Funktionserfüllung geschieht dabei anhand feinwerktechnischer Gesichtspunkte und Konstruktionsprinzipe [Sch82]. Unter Einbezug einer Strukturoptimierung in Verbindung mit der zugehörigen experimentellen Verifizierung erfolgt die Prüfung des Entwicklungszieles in einer bestehenden NPMM. Darauf aufbauend werden Konstruktionsrichtlinien für die weitere Reduktion der Positionierunsicherheiten erarbeitet und im sich anschließenden Kapitel umgesetzt.

4.1 Gesamtstrukturkonzepte

Es werden Lösungen für die Gesamtstruktur einer multiaxialen NPMM auf der Basis kartesischer NPMM mit zusätzlichen rotatorischen Freiheiten gesucht. Für diese geforderte Funktion gilt es, das Grundproblem des Konstruierens zu lösen, die Struktur und die Gestalt zu bestimmen. Die Gestalt wird dabei durch die Geometrie, Werkstoffe und Zustandseigenschaften festgelegt und richtet sich maßgeblich nach der gewählten Gesamtstruktur [Höh83; Spe83]. Die Gesamtstruktur wiederum hängt für die geforderte Funktion maßgeblich von der Grundstruktur der NPMM ab. Eine Grundstruktur ist in Anlehnung an das Grundprinzip als Abstraktion eines technischen Gebildes zu verstehen, welche für alle denkbaren Strukturen zutrifft [Höh83; Spe83]. Sie wird für die systematische Suche nach Realisierungsmöglichkeiten auf der Basis von ordnenden Gesichtspunkten und unterscheidenden Merkmalen genutzt [Höh83].

Ausgehend von diesem Strukturierungsansatz erfolgt die systematische Entwicklung und Ordnung des Lösungsraumes multiaxialer NPMM. Ein erster ordnender Gesichtspunkt in Bezug auf die Grundstruktur von NPMM ist auf Grundlage der Analyse des Standes der Technik durch die Art des translatorisch positionierten Endeffektors gegeben. Die Differenzierung der Relativbewegungen zwischen dem Tool und dem zu vermessenden Objekt erfolgt in Translationen des Tools (SPM), des Objektes (SSM) bzw. einer Kombination beider Bewegungen (MSM) (vgl. Kapitel 2.2).

4.1.1 Nanopositionier- und Nanomessmaschinen mit zusätzlichen Rotationen

Für die Integration zusätzlicher rotatorischer Positioniersysteme sind, basierend auf den Grundstrukturen von NPMM, prinzipiell alle Punkte in der

Funktionskette zwischen dem Gestell und dem jeweiligen Endeffektor (Objekt oder Tool) geeignet. Als weiterer ordnender Gesichtspunkt wird daher die Lage des rotatorischen Positioniersystems eingeführt. Abbildung 4.1 zeigt exemplarisch die unterscheidenden Merkmale für NPMM mit translatorisch bewegtem Objekt. Beispiele für die in Abbildung 4.1b dargestellte Anordnung von Translationen und Rotationen sind die in Kapitel 2.1 thematisierten parallelkinematischen Hexapoden, mit denen die Lage und Anzahl der resultierenden Drehachsen frei programmiert werden können. Weitere Variationsmöglichkeiten sind daher durch die Anzahl und Lage der jeweiligen Rotationen gegeben. Für quasipunktförmige Tools, wie Laserfokus- und 3D-Mikrotaster, erhöhen bereits zwei rotatorische Relativbewegungen die Zu-

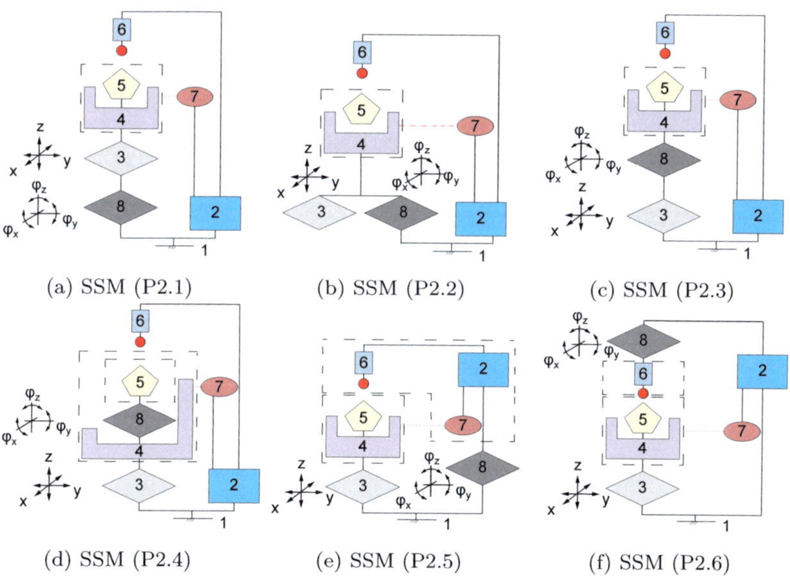

(a) SSM (P2.1) (b) SSM (P2.2) (c) SSM (P2.3)

(d) SSM (P2.4) (e) SSM (P2.5) (f) SSM (P2.6)

Abbildung 4.1: Zweiter ordnender Gesichtspunkt der Variation von NPMM-Grundstrukturen: Lage des rotatorischen Positioniersystems mit 1 Gerätebasis, 2 metrologischer Rahmen, 3 translatorisches Positioniersystem, 4 Referenz des Messsystems, 5 Objekt, 6 Tool, 7 Messsystem, 8 rotatorisches Positioniersystem, – – =positionierter Endeffektor gänglichkeit zu Komplexgeometrien signifikant [SW12]. Tools mit einer Vorzugsmessrichtung, wie AFM Sensoren [Yan+19], benötigen hingegen unter Umständen eine weitere Rotation um die Haupttoolachse (vgl. Abbildung 2.6 in Kapitel 2.2).

Ein weiterer ordnender Gesichtspunkt wird mit der Verbindung der einzelnen rotatorischen Positioniersysteme zu dem Endeffektor definiert. Die rotatorische Relativbewegung des Tools zu dem Objekt kann bspw. durch Rotationen des Objektes, des Tools oder durch eine Verteilung der Rotationen auf die beiden unterschiedlichen Endeffektoren generiert werden. Ferner wird die Lage der Hauptdrehachsen der zusätzlichen Rotationen variiert. Vor diesem Hintergrund kann sowohl die einzelne Hauptachse der jeweiligen Rotation als auch der Schnittpunkt aller Drehachsen den Abbepunkt der bestehenden NPMM enthalten. Dies ermöglicht konstruktive Lösungen mit Rotationen des entsprechenden Endeffektors mit einem Momentanpol der Rotation, welcher dauerhaft mit dem Abbepunkt der NPMM übereinstimmt.

Der sechste ordnende Gesichtspunkt ist durch die Variation des Koordinatensystems gegeben, welches durch die Hauptdrehachsen der rotatorischen Positioniersysteme aufgespannt wird. Eine Unterscheidung erfolgt dahingehend, ob die einzelnen Drehachsen rechtwinklig und unabhängig voneinander sind. Unter der Hauptdrehachse wird in diesem Zusammenhang die resultierende Drehachse des Endeffektors durch den Momentanpol verstanden, unabhängig von der für die Realisierung innerhalb des Positioniersystems vorhandenen Kinematik.

Die beschriebenen Variationen sind in Tabelle 4.1 aufgeführt und ergeben insgesamt 576 unterschiedliche Gesamtstrukturen für die Anzahl und Anordnung zusätzlicher rotatorischer Positioniersysteme. Unter der Maßgabe der Entwicklung einer Fünfachs-Nanopositionier- und Nanomessmaschine auf Basis einer kartesischen NPMM mit SSM-Grundstruktur kann dieser Lösungsraum bereits signifikant eingegrenzt werden. Die Anzahl der Variationen der NPMM-Gesamtstruktur mit zusätzlichen rotatorischen Positioniersystemen lässt sich hierdurch von 576 auf 48 unterschiedliche Gesamtstrukturen reduzieren.

Tabelle 4.1: Variation der NPMM-Gesamtstruktur mit zusätzlichen rotatorischen Positioniersystemen (P)

Ordnende Gesichtspunkte	**Unterscheidende Merkmale**
1 Art des translatorischen Endeffektors	**1.1** SPM-Grundstruktur: translatorisch bewegtes Tool
	1.2 SSM-Grundstruktur: translatorisch bewegtes Objekt
	1.3 MSM-Grundstruktur: Tool und Objekt translator. bewegt
2 Lage des rotatorischen Positioniersystems	**2.1** Zwischen Gerätebasis und translator. Positioniersystem
	2.2 Parallel zu translatorischem Positioniersystem
	2.3 Zwischen translatorischem Positioniersystem und Referenz
	2.4 Zwischen Referenz und Objekt
	2.5 Zwischen Gerätebasis und metrologischem Rahmen
	2.6 Zwischen metrologischem Rahmen und Tool
3 Anzahl zusätzlicher Rotationen	**3.1** Eine zusätzliche Rotation
	3.2 Zwei zusätzliche Rotationen
	3.3 Drei zusätzliche Rotationen
	3.4 Mehr als drei zusätzliche Rotationen
4 Anbindung an Endeffektor	**4.1** Rotator. Positioniersysteme an gemeinsamem Endeffektor
	4.2 Rotator. Positioniersysteme an separierten Endeffektoren
5 Lage der Hauptdrehachsen	**5.1** Koordinatenursprung entspricht Abbepunkt der NPMM
	5.2 Versatz zwischen Koordinatenursprung und Abbepunkt
6 KS der Hauptdrehachsen	**6.1** Unabhängiges, kartesisches Koordinatensystem (KS)
	6.2 Koordinatensystem nicht unabhängig / beliebig

4.1.2 Zusätzliche Messsysteme für rotatorische Positioniersysteme

Die Positionserfassung des bewegten Endeffektors kann durch entsprechende Messsysteme innerhalb des Positioniersystems erfolgen. Bei NPMM wird die Position des Endeffektors zusätzlich direkt gemessen.

Bereits auf der Ebene kartesischer NPMM-Grundstrukturen (vgl. Kapitel 2.2) ist beispielsweise eine Variation der Anordnung der Messsysteme und ihrer zugehörigen Referenz möglich, wie für den SPM und SSM in Abbildung 4.2 gezeigt wird. Diese Variation ist einer der Hauptunterschiede zwischen den beiden Grundstrukturen der Systeme LuphoScan 260HD und Nanomefos (vgl. Kapitel 2.3). Auf Basis dieser scheinbar kleinen Variation der NPMM-Grundstruktur sind bereits unterschiedliche Merkmale zu erkennen. Am Beispiel der LuphoScan 260HD wird die konstruktive Herausforderung bewegter Messsysteme in Verbindung mit einer gleichzeitigen Einhaltung des Abbe'schen Komparatorprinzips deutlich. Ohne rückwärtigen Bezug ist ein konstruktiv bedingter Versatz zwischen den Messstrahlen der y- und z-

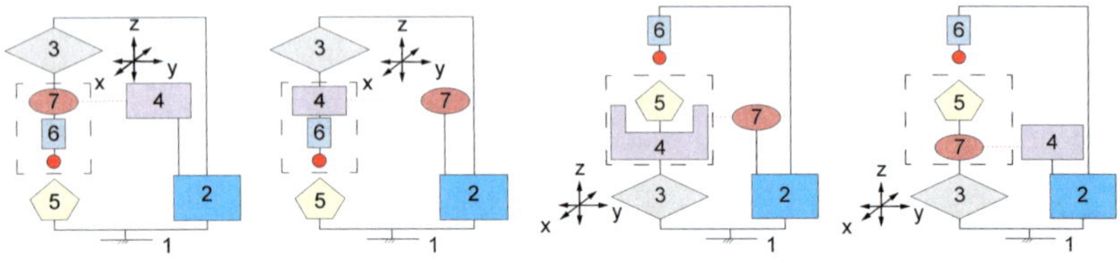

(a) SPM (M1.1) (b) SPM (M1.2) (c) SSM (M2.1) (d) SSM (M2.2)

Abbildung 4.2: Zweiter ordnender Gesichtspunkt der Variation von NPMM-Grundstrukturen: Lage und Orientierung von Messsystem und Referenz (M)

Translation und dem Arbeitspunkt des Tools (tool center point (TCP) nach [Deu00]) möglich. Des Weiteren sind die nötigen Positionierungen zugehöriger Übertragungselemente des Energie- und Informationsflusses zu berücksichtigen.

Die Variation der Messsystemanordnung und der zugeordneten Referenz ist für rotatorische Positioniersysteme ebenfalls nach dem Beispiel der translatorischen Positioniersysteme der NPMM möglich. Ein entsprechendes Messsystem gewährleistet die direkte Positionserfassung des durch das rotatorische System bewegten Endeffektors. Als erster ordnender Gesichtspunkt wird die Bewegung der Substrukturelemente Messsystem und zugehörige Referenz in Relation zu der Gerätebasis unterschieden. Beispielsweise realisieren Translationen in der MSM-Grundstruktur von kartesischen NPMM bereits eine Bewegung sowohl des Messsystems als auch der zugeordneten Referenz. Die Abbildung 4.3a zeigt die entsprechende Variante für den SPM mit zusätzlichen Rotationen. Im Vergleich dazu veranschaulicht Abbildung 4.3b ein fest stehendes Messsystem für die Positionierabweichungen des rotatorischen Positioniersystems.

Für die Integration zusätzlicher Messsysteme mit zugeordneter Referenz sind, basierend auf den Grundstrukturen von NPMM mit zusätzlichen Rotationen, prinzipiell alle Punkte in der Funktionskette mit Relativbewegungen zwischen dem Gestell und dem jeweiligen Endeffektor (Objekt oder Tool) geeignet. Als weiterer ordnender Gesichtspunkt wird daher die Lage des Messsystems und der zugeordneten Referenz eingeführt.

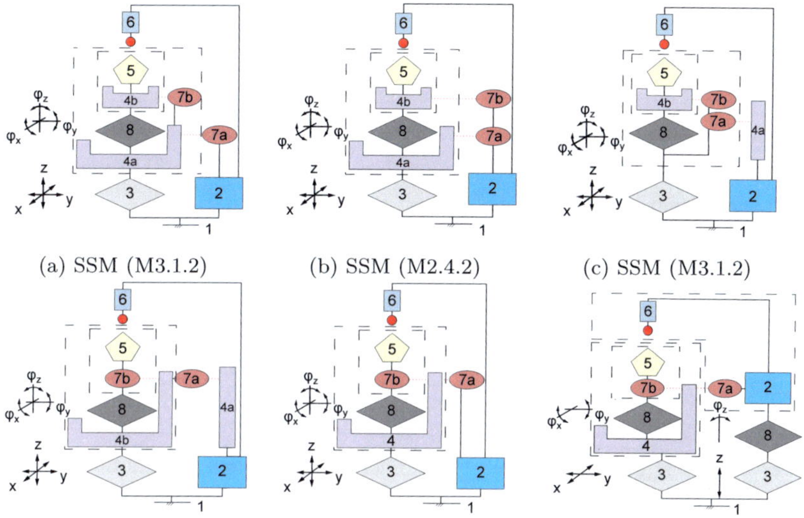

(a) SSM (M3.1.2) (b) SSM (M2.4.2) (c) SSM (M3.1.2)

(d) SSM (M3.2.2) (e) SSM (M3.2.1) (f) MSM (M3.2.1)

Abbildung 4.3: Auszug aus dem Funktionsstrukturkatalog der NPMM-Gesamtstrukturen mit zusätzlichen Messsystemen für rotatorische Positioniersysteme mit 1 Gerätebasis, 2 metrologischer Rahmen, 3 translatorisches Positioniersystem, 4 Referenz des Messsystems, 5 Objekt, 6 Tool, 7 Messsystem, 8 rotatorisches Positioniersystem, a,b separate Systeme für unterschiedliche Messgrößen −− =positionierter Endeffektor

Der dritte ordnende Gesichtspunkt ist durch die Kombination oder Separierung der Messsysteme mit zugeordneter Referenz für das translatorische und das rotatorische Positioniersystem gegeben. Es besteht die Möglichkeit, die aufsummierten translatorischen und rotatorischen Positionierabweichungen beider Positioniersysteme an lediglich einer Referenz bzw. mit einem kombinierten Messsystem zu messen. Die Abbildungen 4.3e und 4.3f zeigen Beispiele für eine kombinierte Referenz. Die übrigen Funktionsstrukturen der Abbildung 4.3 basieren auf einer entsprechenden Separierung. Da die Variationen prinzipiell für alle NPMM-Gesamtstrukturen mit zusätzlichen Positioniersystemen möglich sind, zeigt Abbildung 4.3f beispielhaft eine Struktur analog zu Variante 4.3e, jedoch basierend auf dem MSM.

Zur Erhöhung der Übersichtlichkeit werden Messsysteme für unterschiedliche Arten der Positionsabweichung (Längen, Winkel) innerhalb der Funktionsstruktur zu einem Symbol zusammengefasst. Die Position des Endeffektors kann jedoch hinsichtlich aller sechs Freiheiten erfasst werden, wodurch sich zwei weitere ordnende Gesichtspunkte ergeben: die Anzahl der gemessenen sowie unabhängigen Translationen und Rotationen.

Die beschriebenen Variationen der Integration von Messsystemen für die Positionierabweichungen zusätzlicher rotatorischer Positioniersysteme sind in Tabelle 4.2 enthalten und ergeben 216 unterschiedliche Gesamtstrukturen. Die aufgeführten ordnenden Gesichtspunkte und Merkmale der Messsystemintegration sind eng mit der gewählten Funktionsstruktur der rotatorischen Positioniersysteme verknüpft. Nicht alle der theoretisch 124.416 (576 Positioniervarianten) bzw. 10.368 (48 Positioniervarianten) in Kombination möglichen Gesamtstrukturen sind auch technologisch sinnvoll. Es kann das Messsystem oder die Referenz der Gerätebasis zugeordnet werden. Für die Beispiele in Abbildung 4.3a bis 4.3e ist jedoch die Kopplung der Messsysteme an einen gemeinsamen metrologischen Rahmen hinsichtlich einer Verringerung der Messunsicherheit zielführender.

Tabelle 4.2: Variation der NPMM-Gesamtstruktur mit zusätzlichen Messsystemen (M) für rotatorische Positioniersysteme

Ordnende Gesichtspunkte	**Unterscheidende Merkmale**
1 Bewegung der Substruktur	**1.1** Messsystem bewegt, Referenz fest stehend
	1.2 Messsystem fest stehend, Referenz bewegt
	1.3 Messsystem bewegt und Referenz bewegt
2 Lage des Messsystems	**2.1** An der Basis des rotatorischen Positioniersystems
	2.2 Am Endeffektor des rotatorischen Positioniersystems
	2.3 An der Gerätebasis
	2.4 Am metrologischen Rahmen
3 Kombination der Messsysteme	**3.1** Referenz/ Messsystem gemeinsam für Positioniersysteme
	3.2 Referenz/ Messsystem separat je Positioniersystem
4 Anzahl gemessener Translationen	**4.1** eine Translation des Endeffektors (x)
	4.2 zwei Translationen des Endeffektors (x, y)
	4.3 drei Translationen des Endeffektors (x, y, z)
5 Anzahl gemessener Rotationen	**5.1** eine Rotation des Endeffektors (φ_x)
	5.2 zwei Rotationen des Endeffektors (φ_x, φ_y)
	5.3 drei Rotationen des Endeffektors (φ_x, φ_y, φ_z)

Vor diesem Hintergrund bietet sich eine schrittweise Analyse der gewünschten Gesamtstruktur mit zusätzlichen rotatorischen Positioniersystemen und der darauf aufbauenden Integration zugeordneter Messsysteme als Detaillierung an. Für eine bessere Übersichtlichkeit wird zunächst auf die weitere Vergrößerung der Lösungsmenge durch eine Variation der Anordnung der einzelnen Koordinatensysteme unterschiedlicher Funktionselemente verzichtet und sich, wie in den Darstellungen ersichtlich, auf ein zentrales Maschinenkoordinatensystem bezogen. Für einen weiteren Detaillierungsprozess werden bspw. die Anordnungsvarianten der Messachsen zu den Achsen des jeweiligen Endeffektorkoordinatensystems geprüft, welche u. a. ausführlich in [Lot09] und [Hac10] beschrieben sind.

4.1.3 Vorteilhafte Gesamtstrukturkonzepte für den Sample Scanning Mode

Die Evaluierung der idealen Funktionsstruktur für den Aufbau einer multiaxialen NPMM ist aufgrund der Vielzahl unterschiedlicher Lösungsvarianten von Funktionsstrukturen ohne den Einbezug eingrenzender Randbedingungen nur sehr schwer möglich. Insbesondere essenzielle Vergleichskriterien, wie statische und bewegte Massen, translatorische und rotatorische Arbeitsbereiche und die Maschinengröße werden signifikant durch die Gestalt und die Wahl einzelner Funktionselemente bestimmt. Auf Grundlage des systematisch entwickelten Lösungsraumes für Umsetzungsvarianten von Gesamtstrukturkonzepten können zu erwartende Eigenschaften abgeleitet werden, die es im Rahmen des konstruktiven Entwicklungsprozesses für eine mögliche Detaillierung zu berücksichtigen gilt. Es sind insbesondere typische Merkmale von NPMM zu evaluieren, wie sie in Kapitel 2.2 aufgeführt sind. Funktionsstrukturen mit ähnlichem Eigenschaftsprofil werden zu Funktionsstrukturgruppen zusammengefasst. Die Tabellen 4.3 und 4.4 zeigen eine Auswahl entsprechender Funktionsstrukturgruppen auf der Basis einer bestehenden NPMM mit SSM, gruppiert hinsichtlich der Lage des rotatorischen Positioniersystems. Die Einhaltung des Abbe-Komparatorprinzips ist in diesem Zusammenhang auf die vorhandene Struktur der NPMM und damit die Längenmesssysteme bezogen, die sich meist virtuell in einem gemeinsamen Punkt schneiden, wenn die Positionierbewegung des Objektes an einer reflektierenden Referenz (Spiegelecke) erfolgt.

Durch ein zusätzliches Positioniersystem zwischen der Spiegelecke und dem Objekt ergibt sich ein Versatz, welcher, sofern nicht messtechnisch erfasst, direkten Einfluss auf die Messunsicherheit der vorhandenen Längenmesssysteme hat. Gleiches gilt für ein durch ein zusätzliches Positioniersystem zwischen dem metrologischen Rahmen und dem Tool relativ zu den vorhandenen Längenmesssystemen bewegtes Tool.

Das Merkmal der Einschränkung der Geometrie und zulässigen Masse bestehender Messobjekte basiert auf der Annahme, dass ein rotatorisches Positioniersystem zwangsläufig einen gewissen Bauraum für die Integration benötigt. Zudem reduziert eine an vorhandene Translationen gekoppelte Rotation ggf. das durch das Tool adressierbare Arbeitsvolumen. Im Vergleich zu der vorhandenen NPMM-Grundstruktur ergibt sich eine Anpassung der Referenz bzw. des translatorischen Positioniersystems oder alternativ eine Einschränkung des Objektraumes.

Die Einstufung der zu positionierenden Massen basiert auf einer Auswertung typischer Strukturen aus dem Stand der Technik. Für zusätzliche rotatorische Positioniersysteme erfolgt die Einteilung der zu positionierenden Massen aufsteigend in: klein (Tool), mittel (Objekt), hoch (Referenz) und sehr hoch (metrolog. Rahmen). Analog hierzu werden die Bezeichnungen der rotatorischen Positioniersysteme gewählt, die mit der zu positionierenden Masse skalierend angenommen werden: klein, mittel, groß und sehr groß. Darauf aufbauend werden die translatorischen Positioniersysteme hinsichtlich der zu positionierenden Massen unterteilt in: klein (nur Referenz), mittel (Referenz + mittlere Rotation), hoch (Referenz + große Rotation) und sehr hoch (metrolog. Rahmen + sehr große Rotation).

Für eine weitere Detaillierung im Rahmen des Konstruktiven Entwicklungsprozesses bedarf es, aufgrund der Vielzahl möglicher Lösungen für den Aufbau einer multiaxialen NPMM, zusätzlicher Randbedingungen. Die Detaillierung wird daher auf Basis einer NPMM mit SSM im Allgemeinen und vorhandener Strukturen (NMM-1, NPMM-200) [BJ14; Hau+11; SIO13] im Speziellen fortgeführt.

Tabelle 4.3: Zu berücksichtigende Merkmale eines bestehenden SSM mit zusätzlichen Rotationen des Objektes und/oder Tools

Funktionsstrukturgruppe		Merkmale
1	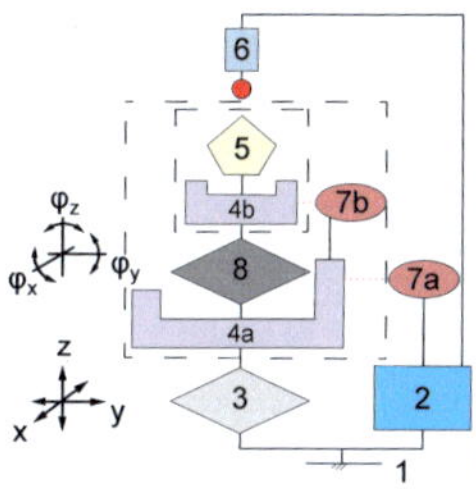 **Rotationen zwischen Referenz und Objekt**	• Einhaltung des Abbe-Komparatorprinzips durch rotatorisches Positioniersystem erschwert (Relativbewegung zwischen Objekt und Referenz) • Einschränkungen der Geometrie und zulässigen Masse bestehender Messobjekte (verringertes Arbeitsvolumen, wenn Referenz nicht entsprechend angepasst ist) • Mögliche Separierung der Messung von Positionierabweichungen translatorischer und rotatorischer Positioniersysteme (durch zusätzliche Referenz- und Messsysteme) • Mittlere translatorisch und rotatorisch zu positionierende Massen (Dynamik, Wärmeeintrag)
2	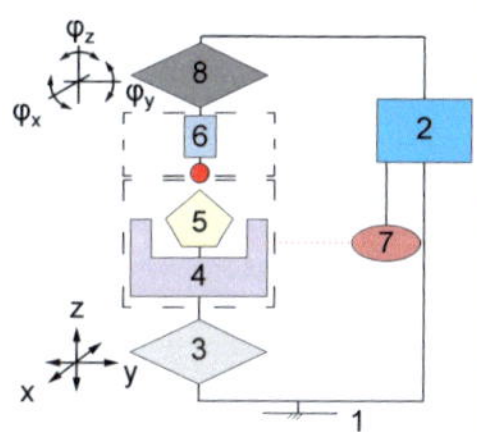 **Rotationen zwischen Tool und metrolog. Rahmen**	• Einhaltung des Abbe-Komparatorprinzips durch rotatorisches Positioniersystem erschwert (Relativbewegung zwischen Tool und metrolog. Rahmen) mit erhöhtem Regelaufwand (Objekt und Tool bewegt) • Keine zusätzlichen Einschränkungen bestehender Messobjekte oder Tools • Mögliche Separierung der Messung von Positionierabweichungen translatorischer und rotatorischer Positioniersysteme (durch zusätzliche Referenz- und Messsysteme) • Kleine translatorisch und rotatorisch zu positionierende Massen
3	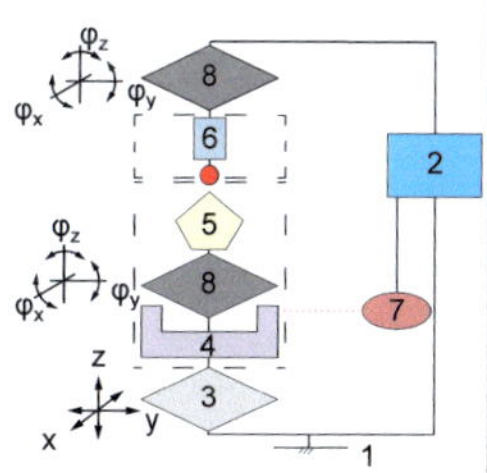 **Verteilte Rotationen an Tool und Objekt**	• Einhaltung des Abbe-Komparatorprinzips durch rotatorische Positioniersysteme erschwert mit erhöhtem Regelaufwand (Objekt und Tool bewegt) • Einschränkungen der Geometrie und zulässigen Masse bestehender Messobjekte (verringertes Arbeitsvolumen, wenn Referenz nicht entsprechend angepasst ist) • Mögliche Separierung der Messung von Positionierabweichungen translatorischer und rotatorischer Positioniersysteme (durch zusätzliche Referenz- und Messsysteme) • Mittlere translatorisch und mittlere (Objekt) bis kleine (Tool) rotatorisch zu positionierende Massen

Tabelle 4.4: Merkmale eines bestehenden SSM mit zusätzlichen Rotationen der translatorischen Referenz oder des metrologischen Rahmens

Funktionsstrukturgruppe		**Merkmale**
1	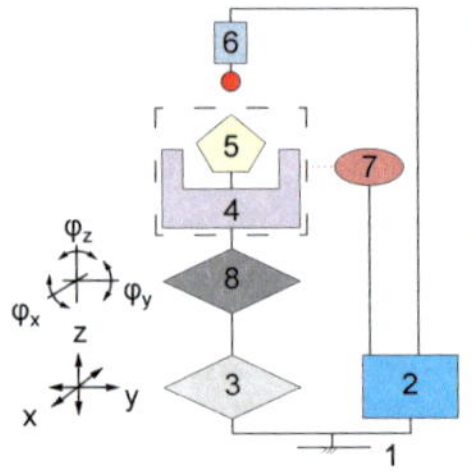 **Rotationen zwischen Gestell und Referenz**	• Dauerhafte Einhaltung des Abbe-Komparatorprinzips durch ortsfesten Messaufbau (Messsystem und Tool an metrologischem Rahmen) • Keine zusätzlichen Einschränkungen bestehender Messobjekte oder Tools • Hohe Komplexität von Messsystem und Referenz für große translatorische und rotatorische Bewegungsbereiche • Hohe translatorisch und rotatorisch zu positionierende Massen • Hohe Komplexität der kombinierten Positioniersysteme
2	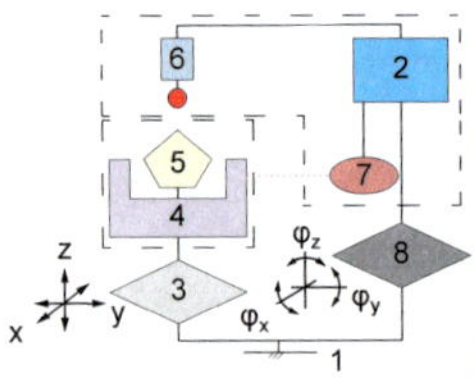 **Rotationen zwischen Gestell und metrologischem Rahmen**	• Dauerhafte Einhaltung des Abbe-Komparatorprinzips durch Messaufbau (Messsystem und Tool an metrologischem Rahmen) mit erhöhtem Regelaufwand (Objekt und Tool bewegt) • Keine zusätzlichen Einschränkungen bestehender Messobjekte oder Tools • Hohe Komplexität von Messsystem und Referenz für große translatorische und rotatorische Bewegungsbereiche • Kleine translatorisch und sehr hohe rotatorisch zu positionierende Massen
3	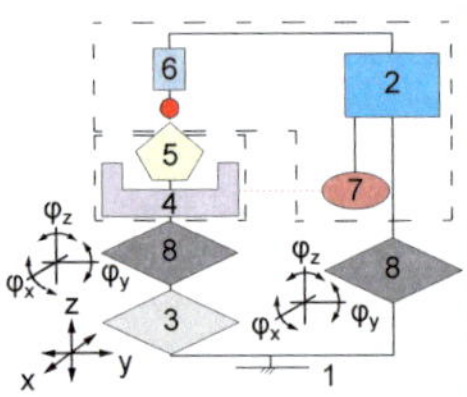 **Rotationen zwischen Gestell und Referenz bzw. metrolog. Rahmen**	• Dauerhafte Einhaltung des Abbe-Komparatorprinzips durch Messaufbau (Messsystem und Tool an metrologischem Rahmen) mit erhöhtem Regelaufwand (Objekt und Tool bewegt) • Keine zusätzlichen Einschränkungen bestehender Messobjekte oder Tools • Hohe Komplexität von Messsystem und Referenz für große translatorische und rotatorische Bewegungsbereiche • Hohe Komplexität der kombinierten Positioniersysteme • Hohe translatorische und hohe (Referenz) bis sehr hohe (metrolog. Rahmen) rotatorisch zu positionierende Massen

Insbesondere die Funktionsstrukturgruppen aus Tabelle 4.3 ergeben für den definierten Anwendungsfall im Vergleich zu den Strukturen in Tabelle 4.4

entscheidende Vorteile:

- Reduzierung der zu bewegenden Massen und folglich erhöhte Dynamik sowie verringerter Wärmeeintrag
- Verringerung der Komplexität für Messsystem und Referenz bei vergleichsweise großen translatorischen ($\geq$ 10 mm) und rotatorischen ($\geq$ 10°) Bewegungsbereichen
- Möglichkeit der weitgehenden Erhaltung der bestehenden Positionier- und Messsysteme für die translatorischen Bewegungen der NPMM als Basis für die Integration zusätzlicher rotatorischer Positioniersysteme
- Perspektive der Übertragung entwickelter rotatorischer Positioniersysteme bei einer Skalierung des SSM aufgrund von universellen Eigenschaften des Endeffektors (z. B. bei einer Übertragung von NMM-1 auf NPMM-200)

Unter Einbezug weiterer Randbedingungen werden diese Funktionsstrukturen in Verbindung mit Kinematikkonzepten und damit einer Detaillierung der rotatorischen Positioniersysteme auf der Ebene technischer Prinzipe weiter untersucht. Dies ermöglicht den systematischen Vergleich unter Einbezug gestaltabhängiger Vergleichskriterien, wie Abmessungen und Massenverteilungen.

4.2 Kinematikstrukturvariation

Zentraler Bestandteil der Funktionsstruktur eines Positioniersystems ist die zugrundeliegende Kinematik, welche die Gestalt des Antriebes und Bewegungsumsetzers gleichermaßen entscheidend beeinflusst. Für die Integration geeigneter rotatorischer Positioniersysteme werden systematisch Kinematikvarianten entwickelt und hinsichtlich der Anzahl unterschiedlicher Rotationsebenen differenziert (erster ordnender Gesichtspunkt). Aufbauend auf Varianten der Rotation eines Endeffektors in einer Ebene erfolgt die Übertragung der Kinematiken auf zwei oder mehr Ebenen. Dabei wird ein weiterer ordnender Gesichtspunkt eingeführt, die Winkellage der Rotationsebenen zueinander.

4.2.1 Rotationen eines Endeffektors in einer Ebene

Die aus der Getriebetechnik bekannten Strukturen erlauben die systematische Lösungsfindung und eine Verbindung von Funktionen mit zu erwartenden Eigenschaften im Rahmen des konstruktiven Entwicklungsprozesses auf Prinzipebene. Dabei werden Mechanismen aus starren Getriebegliedern mit Gelenken zu kinematischen Ketten zusammengesetzt. In Kombination mit entsprechenden Antriebselementen (Aktoren) sind die Mechanismen Teil des grundlegenden Aufbaus eines Positioniersystems (vgl. Kapitel 2.1) [Hac10]. Die zugrundeliegenden Kinematiken der Mechanismen werden nachfolgend als Ausgangspunkt für die systematische Erarbeitung eines Lösungsraumes für den Aufbau rotatorischer Positioniersysteme genutzt. Hierfür finden Prinzipsymbole auf der Basis von Sinnbildern der Prinzipdarstellung aus dem Bereich der Feinwerktechnik Anwendung [The00].

Aufbauend auf dieser Symbolik zeigt die Abbildung 4.4 beispielhaft kinematische Ketten (K1.1–K1.9) für die rotatorische Positionierung eines Endeffektors in einer Ebene (yz bzw. xz). Die Rotation basiert im einfachsten Falle auf einem Drehgelenk (Lager, vgl. Abbildung 4.4a) oder einem Schubgelenk mit gekrümmter Führungsbahn (Segmentlager, vgl. Abbildung 4.4b) in Verbindung mit einem Aktor.

Der Begriff des Segmentlagers wird in diesem Zusammenhang eingeführt, da im Vergleich zu einem Lager ebenfalls eine rotatorische Bewegung um eine Achse gegenüber einem als feststehend angenommenen Teil möglich ist [Kra18]. Im Allgemeinen erfolgt jedoch die Bewegung des Endeffektors bei einem Positioniersystem mit Segmentlager nicht umlaufend rotatorisch. Weitere Variationen der Getriebestruktur können aus den Basiselementen (Drehgelenk und Schubgelenk) entwickelt werden. Sofern die geforderten Bewegungsbereiche und Auflösungen nicht mit einem Dreh- oder Schubgelenk erreicht werden, lassen sich diese zu komplexen Getriebestrukturen kombinieren. Dies ermöglicht gekoppelte Positioniersysteme mit Groß- und Kleinwinkel-Stellbereichen.

Die Getriebestruktur wiederum lässt sich in Parallel- und Seriellkinematik unterscheiden. Bei Parallelkinematiksystemen (z. B. 4-Drehgelenk-Kette) wird ein gemeinsamer Endeffektor durch mehrere parallel angeordnete Be-

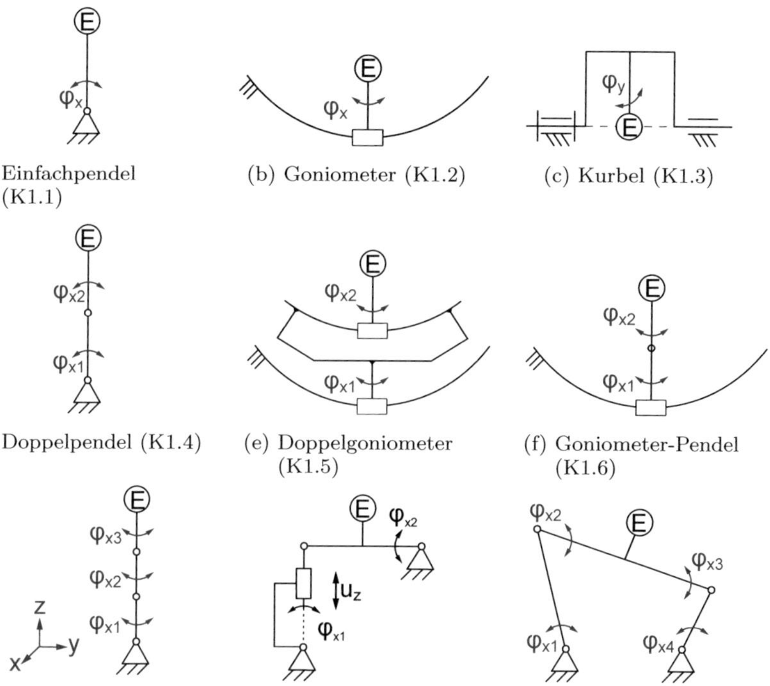

(a) Einfachpendel (K1.1)
(b) Goniometer (K1.2)
(c) Kurbel (K1.3)
(d) Doppelpendel (K1.4)
(e) Doppelgoniometer (K1.5)
(f) Goniometer-Pendel (K1.6)
(g) Dreifachpendel (K1.7)
(h) Schiefe Ebene (K1.8)
(i) 4-Drehgelenk-Kette (K1.9)

Abbildung 4.4: Getriebestrukturen für Rotationen eines Endeffektors (E) in einer Ebene: einfach (a,b,c), seriell (d–h), parallel (f)

wegungsachsen (Getriebeglieder) mit einer als gestellfest angenommenen Basis verbunden. Im Gegensatz zu einer Seriellkinematik (z. B. Doppelpendel) muss einer der Aktoren des jeweiligen Getriebegliedes die Masse des nächstfolgenden nicht mit bewegen [BJ14]. Neben dieser Differenzierung sind für komplexe Getriebestrukturen auch Kombinationen von Seriell- und Parallelkinematiken zu hybriden Systemen möglich [Hac10].

Für die Ordnung der Vielzahl theoretisch denkbarer Getriebestrukturen für Rotationen eines Endeffektors wird die Anzahl der Gelenke eingeführt. Das Doppelpendel besteht bspw. aus zwei seriell verbundenen Einfachpendeln und damit zwei Drehgelenken (vgl. Abbildung 4.4d). Eine ähnliche Anordnung, jedoch mit einem Momentanpol in einem Punkt des Endeffektors, ist durch eine Kombination von zwei Schubgelenken mit gekrümmten Führungsbahnen gleichen Mittelpunktes (Goniometern) möglich. Aus diesem Zusammenhang geht ein weiterer ordnender Gesichtspunkt hervor: die Lage des Momentanpols. Nachfolgend wird unterschieden, ob der Momentanpol bei einer Bewegung des Endeffektors dauerhaft in einem gestellfesten Lagerpunkt (z. B. Abbildung 4.4a), einem Punkt des Endeffektors (z. B. Abbildung 4.4a) oder einem beliebigen Punkt in der Ebene liegt (z. B. Abbildung 4.4d). Während bei den dargestellten Varianten K1.2 und K1.3 zumindest ein Punkt des Endeffektors eine reine rotatorische Bewegung erfahren kann, ist bei den weiterhin in Abbildung 4.4 aufgeführten Varianten ggf. ein zusätzlicher translatorischer Versatz zu berücksichtigen.

Die beschriebenen Kinematikvarianten zusätzlicher rotatorischer Positioniersysteme in einer Ebene sind in Tabelle 4.5 gegenübergestellt und bilden die Basis für weitere Variationen. Weitere Unterteilungen, wie eine Erhöhung der Gelenkanzahl oder Kombination verschiedener Kinematiken, steigern die Komplexität des Gesamtaufbaus und sind vorzunehmen, wenn sich diese im Verlauf der Untersuchungen als notwendig erweisen. Als Ausgangspunkt für die weiteren Betrachtungen werden die in Abbildung 4.4 aufgeführten Getriebestrukturen genutzt.

Tabelle 4.5: Variation der Rotationskinematik zusätzlicher rotatorischer Positioniersysteme in einer Ebene

Ordnende Gesichtspunkte	**Unterscheidende Merkmale**	**Beispiele**
1 Anzahl der Gelenke	**1.1** Ein Gelenk	Goniometer, Pendel
	1.2 Zwei Gelenke	Doppelgoniometer, Doppelpendel, Kurbel, Goniometer+Pendel
	1.3 Drei Gelenke	Schiefe Ebene, Dreifachpendel
	1.4 Vier Gelenke	4 Drehgelenk Kette
	1.5 > vier Gelenke	5 Drehgelenk Kette
2 Lage des Momentanpols	**2.1** Dauerhaft in einem Endeffektorpunkt	Goniometer, Kurbel, Doppelgoniometer
	2.2 Dauerhaft in gestellfestem Lagerpunkt	Pendel
	2.3 Beliebige Lage des Momentanpols	Schiefe Ebene, Dreifachpendel, 4 Drehgelenk Kette, Goniometer+Pendel
3 Getriebestruktur	**3.1** Serieller Aufbau	Doppelpendel, Dreifachpendel
	3.2 Paralleler Aufbau	Schiefe Ebene, 4 Drehgelenk Kette
	3.3 Hybrider Aufbau	4 Drehgelenk Kette+Pendel

4.2.2 Rotationen eines Endeffektors in zwei orthogonalen Ebenen

Für die Integration zusätzlicher rotatorischer Positioniersysteme in eine Nanopositionier- und Nanomessmaschine werden die zugrundeliegenden Kinematikvarianten der Endeffektorrotation in einer Ebene nachfolgend um Kinematikvarianten in einer zusätzlichen Ebene erweitert. Diese Ebene wird in einem ersten Schritt als orthogonal zu der bereits vorhandenen angenommen. Dies ermöglicht kombinierte Rotationen eines Endeffektors um zwei orthogonale Achsen. Prinzipiell ist eine freie Kombination der bisher beschriebenen Kinematiken realisierbar. Eine erste Ordnung der Vielzahl denkbarer Getriebegesamtstrukturen ist über die Beschreibung der Lage des resultierenden Drehzentrums und damit der Momentanpole zu erreichen. Durch eine geeignete Anordnung der Hauptdrehachsen mit entsprechender Gestaltung der Koppelstellen wird bei einer seriellen Kombination aus einer einfach gelagerten Kurbel (Drehtisch) und einem Goniometer ein gemeinsamer Momentanpol in einem Punkt des Endeffektors möglich (vgl. Abbildung 4.5a). Gleiches gilt für eine serielle Kombination von zwei orthogonal angeordneten Drehtischen (vgl. Abbildung 4.5b) oder zwei Goniometern mit angepassten Krümmungsbahnen (vgl. Abbildung 4.5c). Nutzen beide Goniometer, wie in Abbildung 4.5h dargestellt, die gleiche Fläche des Segmentlagers als Basis, entspricht dies einer parallelen Getriebegesamtstruktur und damit einem weiteren ordnenden Gesichtspunkt. Die für die Rotationen eines Endeffek-

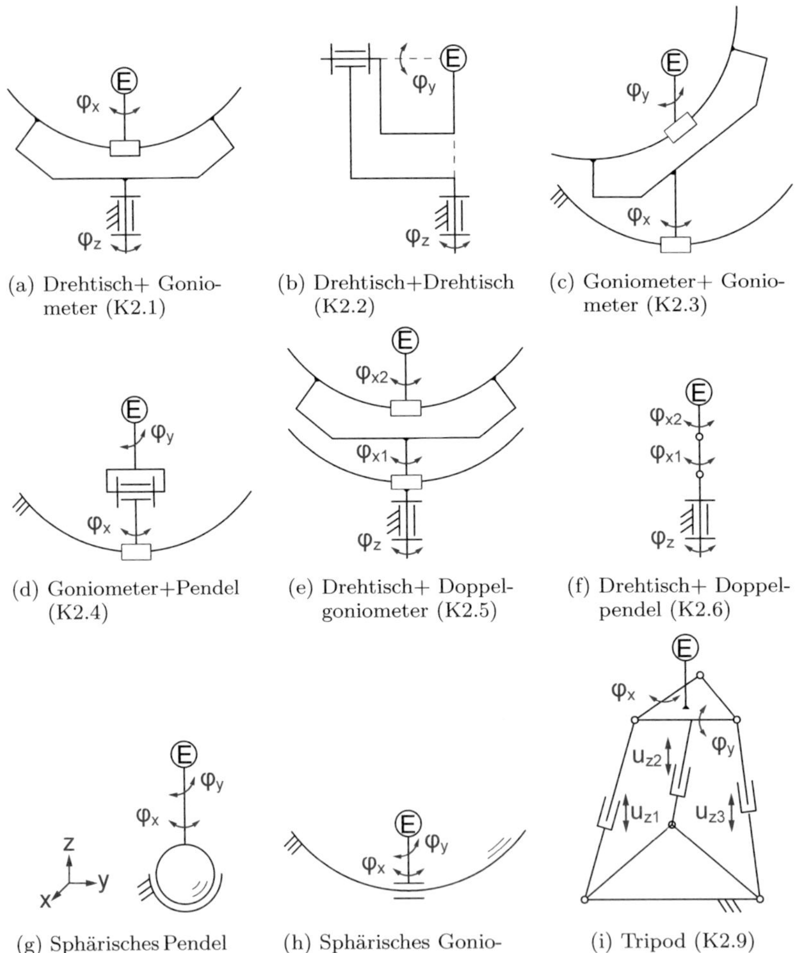

(a) Drehtisch+ Goniometer (K2.1)

(b) Drehtisch+Drehtisch (K2.2)

(c) Goniometer+ Goniometer (K2.3)

(d) Goniometer+Pendel (K2.4)

(e) Drehtisch+ Doppelgoniometer (K2.5)

(f) Drehtisch+ Doppelpendel (K2.6)

(g) Sphärisches Pendel (K2.7)

(h) Sphärisches Goniometer (K2.8)

(i) Tripod (K2.9)

Abbildung 4.5: Getriebegesamtstrukturen für Rotationen eines Endeffektors (E) in zwei orthogonalen Ebenen: seriell (a–f), parallel (g–i) tors in einer Ebene entwickelten Kinematiken lassen sich seriell oder parallel angeordnet zu räumlichen Getriebegesamtstrukturen kombinieren. Die Anzahl der Gelenke und damit die Komplexität der Gesamtstruktur erhöht sich dementsprechend deutlich. Infolgedessen wird die Ordnung hinsichtlich der Gelenkanzahl analog zu den Rotationen in einer Ebene gewählt.

Die beschriebenen Kinematikvarianten zusätzlicher rotatorischer Positioniersysteme in zwei orthogonalen Ebenen sind in Tabelle 4.6 gegenübergestellt und bilden die Basis für weitere Variationen. Die Änderung der kom-

Tabelle 4.6: Variation der Rotationskinematik zusätzlicher rotatorischer Positioniersysteme in zwei orthogonalen Ebenen

Ordnende Gesichtspunkte	**Unterscheidende Merkmale**	**Beispiele**
1 Anzahl der Gelenke	**1.1** Ein Gelenk	Sphärisches Goniometer, Sphärisches Pendel
	1.2 Zwei Gelenke	Drehtisch+Goniometer, Drehtisch+Drehtisch, Goniometer+Goniometer, Goniometer+Pendel
	1.3 Drei Gelenke	Drehtisch+Doppelgoniometer, Drehtisch+Doppelpendel
	1.4 Vier Gelenke	Doppelgoniometer+Doppelgoniometer
	1.5 > vier Gelenke	Tripod, Drehtisch+4 Drehgelenk Kette
2 Lage der Momentanpole	**2.1** Alle Momentanpole dauerhaft in einem Endeffektorpunkt	Drehtisch+Goniometer, Drehtisch+Drehtisch, Goniometer+Goniometer, Drehtisch+ Doppelgonio-meter, Sphärisches Goniometer
	2.2 Alle Momentanpole dauerhaft in gestellfestem Lagerpunkt	Sphärisches Pendel
	2.3 Ein Momentanpol dauerhaft in einem Endeffektorpunkt	Drehtisch+Goniometer, Drehtisch+Drehtisch, Goniometer+Goniometer, Drehtisch+Doppelgoniometer
	2.4 Beliebige Lage eines Momentanpols im Raum	Goniometer+Pendel, Drehtisch+ Doppelpendel
	2.5 Beliebige Lage aller Momentanpole im Raum	Tripod
3 Getriebegesamtstruktur	**3.1** Serieller Aufbau	Drehtisch+Goniometer, Drehtisch+Drehtisch, Goniometer+Goniometer, Goniometer+Pendel, Drehtisch+Doppelgoniometer, Drehtisch+Doppelpendel
	3.2 Paralleler Aufbau	Sphärisches Pendel, Sphärisches Goniometer, Tripod

binatorischen Reihenfolge serieller Getriebegesamtstukturen und damit die Wahl des Positioniersystems mit direkter Gestellanbindung vergrößert die Lösungsmenge weiterhin. Für den konkreten Anwendungsfall ist diese Variation der Anordnungsreihenfolge vor dem Hintergrund vorgegebener Entwicklungsziele, wie einer Vergrößerung des kollisionsfreien Bewegungsbereiches oder einer Reduktion der zu bewegenden Massen, zu prüfen.

4.2.3 Rotationen eines Endeffektors in nicht orthogonalen Ebenen

Sofern dies aufgrund von äußeren Randbedingungen erforderlich ist, können die bisher betrachteten Kinematikvarianten für resultierende Endeffektorrotationen in Ebenen erfolgen, welche im Sinne der Elementargeometrie nicht orthogonal sind. Beide Ebenen schließen demzufolge einen von 90° verschiedenen Winkel ein, wodurch die jeweiligen Hauptdrehachsen nicht vollständig unabhängig zueinander sind. Prinzipiell können die Hauptdrehachsen einen beliebigen Winkel zueinander im Raum einnehmen. Als ordnender Gesichtspunkt wird die Ausrichtung der Hauptdrehachsen innerhalb eines kartesischen Koordinatensystems eingeführt. Vor diesem Hintergrund werden die jeweiligen Hauptdrehachsen auf die Hauptachsen bzw. Winkelhalbierenden des dreidimensionalen kartesischen Koordinatensystems gelegt (vgl. Abbildung 4.6a).

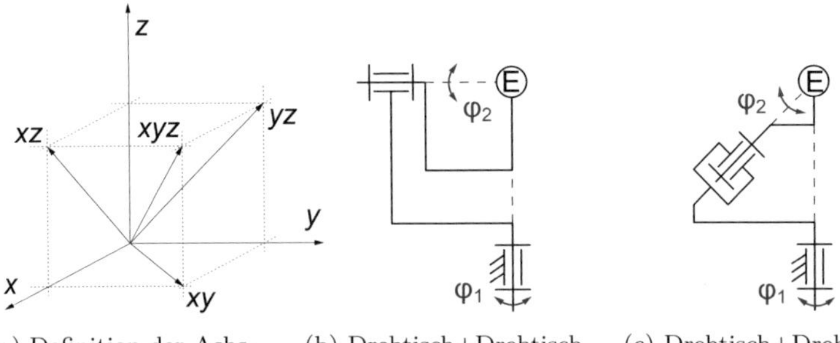

(a) Definition der Achsausrichtung

(b) Drehtisch+Drehtisch 90° (K2.2a)

(c) Drehtisch+Drehtisch 45° (K2.2b)

Abbildung 4.6: Getriebegesamtstrukturen für Orientierungsvariationen der Hauptdrehachsen von Rotationen eines Endeffektors (E) in zwei Ebenen

Tabelle 4.7: Varianten der Getriebegesamtstrukturen nach einer Orientierungsvariation der Hauptdrehachsen entlang der Hauptachsen und Winkelhalbierenden eines kartesischen Koordinatensystems

		Hauptdrehachsen φ_1						
		x	y	z	xy	xz	yz	xyz
Hauptdrehachsen φ_2	x		Ka	Ka	Kb	Kb	Ka	Kb
	y	Ka		Ka	Kb	Ka	Kb	Kb
	z	Ka	Ka		Ka	Kb	Kb	Kb
	xy	Kb	Kb	Ka		Kb	Kb	Kb
	xz	Kb	Ka	Kb	Kb		Kb	Kb
	yz	Ka	Kb	Kb	Kb	Kb		Kb
	xyz	Kb	Kb	Kb	Kb	Kb	Kb	

Für die serielle Anordnung von zwei Hauptdrehachsen (φ_1 und φ_2) ergeben sich hierdurch 49 mögliche Anordnungsvarianten. Wie in Verbindung mit Tabelle 4.7 ersichtlich ist, lassen sich diese Symmetrie bedingt auf jeweils zwei verallgemeinerte Variationen (Ka und Kb) der ursprünglichen Kinematik reduzieren. In Abbildung 4.6 sind diese beispielhaft für die Kinematik K2.2 dargestellt. Weitere Unterteilungen der Ausrichtung der Hauptdrehachsen erfolgen im Rahmen des Entwicklungsprozesses, sofern sich dies durch äußere Randbedingungen als notwendig erweist (vgl. Kapitel 4.4.2). Insbesondere mit parallelkinematischen Getriebegesamtstrukturen, wie Hexapoden (vgl. Kapitel 2.1), können die Hauptrotationsachsen eines Endeffektors in gewissen Grenzen beliebig im Raum orientiert werden.

4.3 Vorteilhafte Kinematikstrukturen für Gesamtstrukturkonzepte des Sample Scanning Modes

4.3.1 Präzisierende Randbedingungen

Die Identifizierung geeigneter Kinematikstrukturen für die in Tabelle 4.3 beschriebenen Funktionsstrukturgruppen des SSM bedarf aufgrund der Größe des Lösungsraumes weiterer Randbedingungen für den Gestaltfindungsprozess:

- Es werden für Funktionsstrukturgruppen des SSM allgemein gültig, vorteilhafte Kinematikstrukturen für zusätzliche Rotationen der Endeffektoren (Tool, Objekt oder beide) identifiziert.

- Die Eignungsprüfung erfolgt, sofern für die Entscheidungsfindung nötig, ohne Beschränkung der Allgemeinheit unter Einbezug spezifischer Größen einer für den Entwicklungsprozess zugänglichen NPMM (NMM-1, vgl. Abbildung 4.7). Hierdurch wird eine anschließende experimentelle Verifizierung gewährleistet. Erforderliche Eingrenzungen werden für eine Allgemeingültigkeit der Lösungskonzepte entsprechend aufgeführt. Dies betrifft insbesondere eine Abgrenzung der nach dem Stand der Technik zu erwartenden Tool- und Objektmassen inklusive jeweiliger Koppelstellen (m_T und m_O) sowie deren äußere Abmessungen.

- Die rotatorischen Positioniersysteme lassen sich idealerweise ohne signifikante Änderungen der Gesamtstruktur auf vergleichbare NPMM, die ebenfalls auf dem SSM basieren (z. B. NPMM-200), übertragen.

- Eine Integration zusätzlicher rotatorischer Positioniersysteme erhöht die vorhandene 3D-Messunsicherheit der bestehenden NPMM nicht signifikant. Für die NMM-1 werden bspw. Werte $\leq 50\,\mathrm{nm}$ erreicht [BJ14].

- Eine Adressierbarkeit jedes Punktes im vorhandenen Arbeitsvolumen der NPMM durch das Tool ist auch durch zusätzliche Rotationen des jeweiligen Endeffektors weiterhin möglich.

- Für das Tool wird die Adressierbarkeit beliebiger Punkte eines Halbkugelobjektes normal zu dessen gekrümmter Oberfläche angestrebt (ermöglicht normale Antastung in einer Halbsphäre).

- Die Adressierbarkeit ist in erster Instanz für Tools zu gewährleisten, deren Mess- bzw. Bearbeitungsergebnisse nicht von der jeweiligen Richtung, aus der angetastet bzw. bearbeitet wird, abhängig sind (zwei Hauptdrehachsen des Endeffektors sind ggf. ausreichend). Idealerweise wird die Erweiterung der jeweiligen Kinematik um zusätzliche Rotationen des Endeffektors zur Eignung für Tools mit entsprechender Richtungsabhängigkeit (z. B. AFM-Tastspitzen) ermöglicht.

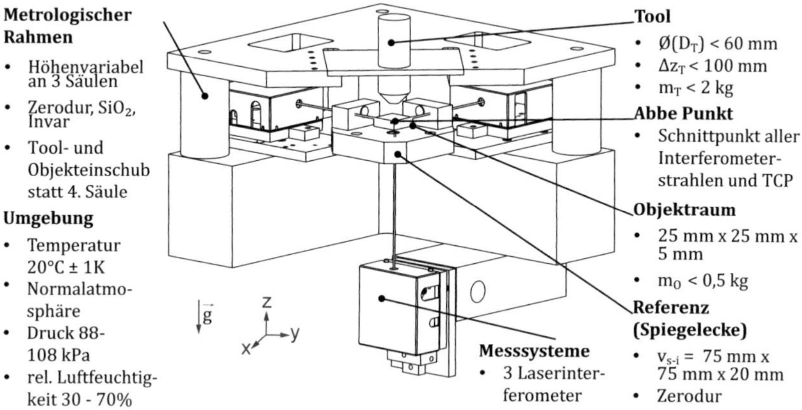

Abbildung 4.7: Grafischer Forderungsplan der NMM-1 für rotatorische Positioniersysteme (Informationen aus [BJ14; Hau+11; Hau02; Lot09; Mas+12])

- Grundlage für die Identifizierung geeigneter Kinematikstrukturen bilden die in Kapitel 2.1 thematisierten, umfassenden Konstruktionskataloge rotatorischer Positioniersysteme. Dies ermöglicht eine systematische Entwicklung unter Einbezug einer experimentellen Verifizierung mit daraus abgeleiteten Ansätzen notwendiger Strukturanpassungen der NPMM und der rotatorischen Positioniersysteme.

4.3.2 Toolrotationen in einer Ebene

Für die Implementierung zusätzlicher Toolrotationen auf der Basis eines SSM-Gesamtstrukturkonzeptes können mit den entwicklungspräzisierenden Randbedingungen Anforderungen an die rotatorischen Positioniersysteme definiert werden (vgl. Tabelle 4.8).

Die gestaltspezifischen Merkmale des Tools, wie Masse und Geometrie, orientieren sich an den in der NMM-1 und NPMM-200 verwendeten Tastsystemen, wie Laserfokus-, Weißlichtinterferenz- und AFM-Sensoren sowie 3D-Mikrotastern [BJ14; Hau+11]. Die festgelegten Grenzwerte beinhalten dabei bereits entsprechende Koppelstellen für diese Sensoren. Ein TCP, der auch unter Hinzunahme rotatorischer Positioniersysteme mit dem Abbepunkt der

Tabelle 4.8: Forderungsliste an rotatorische Positioniersysteme eines Tools einer NPMM mit SSM, F – Festforderung, M – Mindestforderung und W – Wunschforderung

Nr.	Wtg.	Anforderung	Wert
1	F	Anzahl der Hauptdrehachsen	≥ 2
2	M	Rotationsbereiche des Tools relativ zu einem Objekt auf der Spiegelecke, bezogen auf das Maschinenkoordinatensystem	$0 < \varphi_x < 90°$; $0 < \varphi_z < 360°$
3	W	Rotationsbereiche des Tools relativ zu einem Objekt auf der Spiegelecke	$\varphi_x \geq 90°$; $\varphi_z \geq 360°$
4	M	Kombinierte 3D-Positionierunsicherheit des TCP der Toolrotationen	≤ 200 nm
5	W	Kombinierte 3D-Positionierunsicherheit des TCP der Toolrotationen	≤ 50 nm
6	M	Masse des Endeffektors (Tool mit Fassung)	$m_T \leq 2$ kg
7	M	Länge des Tools in Messrichtung	$\Delta z_T \leq 50$ mm
8	W	Länge des Tools in Messrichtung	$\Delta z_T \leq 100$ mm
9	M	Durchmesser des Tools (Ausdehnung quer zur Messrichtung)	$D_T < 60$ mm
10	M	Umgebungsdruck	88 kPa $< p_U <$ 108 kPa
11	W	Vakuumtauglichkeit (Grobvakuum)	$p_U = 100$ Pa
12	F	Umgebungstemperatur	$T_U = 20$ °C $\pm$ 1 K
13	F	Zeitlicher Gradient der Umgebungstemperatur	$\Delta T_{U,t} = \pm 0{,}25\,\mathrm{K\,h^{-1}}$
14	F	relative Luftfeuchtigkeit	$\varphi_r = 50\ \% \pm 20\ \%$
15	F	Bauraum	NMM-1
16	W	Bauraum	NPMM-200
17	W	TCP liegt im Abbepunkt der NPMM	
18	F	Adressierung von beliebigen Punkten unter beliebigen Winkeln	
19	W	Die Adressierung ist aus einer beliebigen Richtung möglich	
20	F	Für die rotatorischen Positioniersysteme werden weitgehend Kaufteile genutzt	
21	F	Einsatzort: Labor (Laborbedingungen)	

NPMM übereinstimmt, ermöglicht die Einhaltung des Abbe'schen Komparatorprinzips in allen drei Messachsen der vorhandenen Längenmesssysteme der NPMM. Für feststehende, nicht zur xy-Ebene der NPMM vorgeneigte Tastsysteme ist in Verbindung mit dem Maschinenkoordinatensystem der NPMM ohne zusätzliche Rotationen lediglich eine Adressierung der Objektoberfläche entlang der z-Achse und damit unter einem Winkel von 90° zur horizontalen xy-Ebene möglich. Mit zusätzlichen Toolrotationen ist die Adressierung eines jeden Punktes des Arbeitsvolumens unter beliebigen Winkeln innerhalb des Rotationsbereiches möglich. Ist zudem die Antastung einer vorgegebenen Bahn auf der Objektoberfläche kontinuierlich möglich, ohne dabei die Bahn zu verlassen, wird die Forderung nach einer Adressierung aus beliebiger Richtung erfüllt. Hierdurch ergeben sich Vorteile hinsichtlich kürzerer Messzeiten und der Fertigung beliebiger Geometrien normal zur Objektoberfläche. Dies ist mit orthogonalen und damit unabhängigen Drehachsen möglich.

Unter Einbezug der definierten Forderungen aus Tabelle 4.8 erfolgt die Identifizierung geeigneter Kinematikstrukturen für die Rotationen des Tools der NPMM in zwei Schritten. Die Bewertung und Auswahl orientiert sich an der in Kapitel 4.2 vorgenommenen Differenzierung der Rotationen des Endeffektors in einzelne Ebenen der Rotationen. Es werden nachfolgend zunächst geeignete Kinematikstrukturen für die Rotation eines Tools in einer Ebene evaluiert. Dies ermöglicht die generelle Identifizierung geeigneter Kinematikstrukturen und eine Übertragung der Ergebnisse auf weitere Ebenen sowie Objekt- und verteilte Rotationen. Der systematische Vergleich der Kinematikvarianten in Verbindung mit einer mehrwertigen Bewertung und Auswahl erfolgt in Anlehnung an die Empfehlungen der Konstruktionsmethodik der VDI2225 [Ver98] mit einer Fokussierung auf technische Bewertungskriterien. Die technische Eignung einer Prinziplösung wird dabei über ein Punktesystem zwischen vier Punkten (ideal) und null Punkten (unbefriedigend) ermittelt. Eine Bereichseinteilung der Punktevergabe erfolgt auf der Basis von möglichst quantifizierbaren Bewertungskriterien mit entsprechend nachvollziehbarem Maßstab. Es wird die technische Wertigkeit x_g des jeweiligen Prinzips eingeführt, welche sich aus dem gewichteten Mittelwert der Bewertungspunkte $p_i \in \{0, ..., 4\}$ und der zugrundeliegenden Wichtung g_i ermitteln lässt [Ver98]:

$$x_{\mathrm{g}} = \frac{g_1 p_1 + g_2 p_2 + g_3 p_3 + ... + g_n p_n}{(g_1 + g_2 + g_3 + ... + g_n) p_{\max}} \tag{4.1}$$

Eine technische Wertigkeit unter 0,6 (60 %) ist als nicht befriedigend und über 0,8 (80 %) als im Allgemeinen sehr gut anzusehen. Die technische Wertigkeit bringt dabei zum Ausdruck, ob die jeweilige Lösung zumindest in technischer

Hinsicht Aussicht auf Erfolg der Entwicklung verspricht. Für die Ermittlung der technischen Wertigkeit von Kinematikvarianten der Toolrotationen in einer Ebene werden die in Tabelle 4.9 aufgeführten, quantifizierbaren Bewertungskriterien definiert.

Eine geringere Anzahl an Gelenken innerhalb der kinematischen Kette wird u. a. deshalb als vorteilhaft erachtet, da jedes zusätzliche Gelenk Positionierabweichungen ermöglicht, die es für eine möglichst geringe kombinierte Positionierunsicherheit zu reduzieren gilt.

Die dauerhafte Lage des Momentanpols im TCP vermeidet einen zusätzlichen translatorischen Versatz des TCP während der Rotation und damit die Einhaltung des Abbe'schen Komparatorprinzips für die bestehenden Längenmesssysteme der NPMM. Der verbleibende Versatz des TCP reduziert sich auf die Positionierabweichungen des rotatorischen Positioniersystems. Hierdurch sind mit der NPMM keine größeren translatorischen Korrekturbewegungen des TCP-Versatzes über eine Positionierung des Objektes nötig, wodurch sich der Wärmeeintrag der translatorischen Positioniersysteme reduziert. Des Weiteren sinkt die Empfindlichkeit der Positionierunsicherheit des TCP gegenüber Winkelabweichungen des rotatorischen Positioniersystems. Da eine beliebige Lage des Momentanpols in Verbindung mit einer geeigneten Regelung unter Umständen eine Lage des Momentanpols im TCP ermöglicht, wird dies besser bewertet, als eine Lage des Momentanpols in einem gestellfesten Lagerpunkt.

Tabelle 4.9: Maßstab der Bewertungskriterien der Toolrotation in einer Ebene

Bewertungskriterium	**0 Pkt.**	**1 Pkt.**	**2 Pkt.**	**3 Pkt.**	**4 Pkt.**
Anzahl der Gelenke (Komplexität)	> 4	4	3	2	1
Lage des Momentanpols	Dauerhaft in gestellfestem Lagerpunkt	-	beliebige Lage des Momentanpols	-	dauerhaft im TCP
Relative Masse	>4	$>3 \ldots 4$	$>2 \ldots 3$	$>1 \ldots 2$	≤ 1
Mittlerer Drehwinkel in der NMM-1	$0° \ldots 20°$	$> 20° \ldots 40°$	$> 40° \ldots 60°$	$> 60° \ldots 80°$	$> 80° \ldots 95°$

Hohe bewegte Massen der Einzelelemente der jeweiligen Kinematik sind meist mit einem höheren Wärmeeintrag durch entsprechend größer dimensionierte Aktoren, verringerter Dynamik und größeren Verformungen durch mechanische Belastungen verbunden. Die als Bewertungskriterium eingeführten relativen Massen der jeweiligen Kinematikstrukturen basieren auf einer systematischen Auswertung umfassender Konstruktionskataloge kommerziell erhältlicher rotatorischer Positioniersysteme (vgl. Kapitel 2.1). Aus diesen Konstruktionskatalogen werden alle Positioniersysteme, die das nötige Drehmoment für eine Rotation des Tools aufbringen ($M_{TR} \geq 1\,\mathrm{Nm}$), hinsichtlich ihrer Massen analysiert. Die repräsentative Masse der unterschiedlichen Positioniersysteme (Goniometer, Drehtisch, Hexapod) wird als α-getrimmter Mittelwert mit $\alpha = 0{,}15$ festgehalten. In Kombination mit einer Abschätzung weiterer Massen von Drehgelenken und Koppelelementen ohne Aktoren werden die Massen der Einzelelemente zu einer relativen Masse der Getriebegesamtstruktur summiert. Hierbei erfolgt eine Relativierung der Massen der Einzelelemente mit Bezug zur Referenzmasse der gemittelten Drehtischmasse, da anhand der Kinematik nicht zwangsläufig auf die zu erwartende absolute Masse geschlossen werden kann. Die mittleren und relativen Massen der Einzelelemente sind in Tabelle A.1 und die Gesamtmassen der für den Vergleich herangezogenen Kinematikvarianten in Tabelle A.2 des Anhangs aufgeführt.

Für die Definition des Bewertungskriteriums der mittleren Drehwinkel werden die Kinematikvarianten als virtuelle Modelle innerhalb des Bauraums der NMM-1 untersucht. Auf diese Weise ist der Einbezug von Kollisionen mit vorhandenen Strukturelementen und des translatorischen Versatzes des TCP möglich. Der vor diesem Hintergrund für jede Kinematik nach einer Optimierung hinsichtlich maximal möglicher Drehwinkel bestimmte Wert wird als Mittelwert des gesamten Bewegungsbereiches in die Bewertung aufgenommen und ist in Tabelle A.2 des Anhanges aufgeführt. Der größte Einflussfaktor auf die Limitierung des Drehwinkels ist hierbei die Geometrie der bewegten Spiegelecke, sofern die Forderung nach einer Übereinstimmung des TCP mit dem Abbepunkt der NPMM, wie in der Forderungsliste aufgeführt, erfüllt werden soll.

Für die Ermittlung der technischen Wertigkeit schließt sich der Definition von Bewertungskriterien die Einführung einer Wichtung (Wtg.) der für jedes Kriterium durch die entsprechende Kinematikvariante erreichten Punktzahl an. Die Wichtung entspricht einer subjektiven Einschätzung der für die angestrebte Entwicklung einer Fünfachs-Nanopositionier- und Nanomessmaschine und damit Erfüllung der gestellten Forderungen entscheidenden Eigenschaften. Für die vorliegende, mehrwertige Bewertung wird die Wichtung über einen Kreuzvergleich der einzelnen Bewertungskriterien ermittelt (0 Pkt. = geringer, 1 Pkt. = gleichwertig, 2 Pkt. = höherwertig). In die Auswahl werden die neun Getriebestrukturen aus Abbildung 4.4 in Kapitel 4.2.1 einbezogen. Diese stellen bereits eine Auswahl der nach Anwendung der Bewertung ermittelten Varianten höchster technischer Wertigkeit dar, die auf Variationen aus der Tabelle 4.5 basieren. In Tabelle 4.10 ist ein Auszug der mehrwertigen Bewertung der hinsichtlich ungewichteter Punktzahl fünf besten Getriebestrukturen für Rotationen eines Tools in einer Ebene dargestellt. Die

Tabelle 4.10: Auszug aus Tabelle A.3: mehrwertige Bewertung der Getriebestrukturen für Rotationen eines Tools in einer Ebene

Bewertungskriterium	**Wtg.**	**Ideal gew. Pkt.**	**K1.3**		**K1.2**		**K1.5**		**K1.6**		**K1.4**	
			Pkt.	gew. Pkt.	Pkt.	gew. Pkt.	Pkt.	gew. Pkt.	Pkt.	gew. Pkt.	Pkt.	gew. Pkt.
Anzahl der Gelenke (Komplexität)	3	12	3	9	4	12	3	9	3	9	3	9
Lage des Momentanpols	5	20	4	20	4	20	4	20	2	10	2	10
Relative Masse	2	8	2	4	2	4	0	0	0	0	2	4
Mittlerer Drehwinkel in der NMM-1	6	24	4	24	3	18	3	18	4	24	1	6
Summe	16	64	13	57	13	54	10	47	9	43	8	29
Rang (von 9)			1	1	1	2	3	3	4	4	5	6
Wertigkeit (%)		100	89		84		73		67		45	

aufgeführten Kinematikvarianten erreichen zudem, in Verbindung mit den subjektiv festgelegten Wichtungsfaktoren, die im Vergleich höchsten technischen Wertigkeiten.

4.3.3 Toolrotationen in zwei Ebenen

Auf der Basis der Bewertung der Kinematikvarianten für Rotationen eines Tools in einer Ebene wird eine mehrwertige Bewertung der Toolrotationen in zwei Ebenen nach ähnlicher Systematik durchgeführt. Für eine nachvollziehbare, konsistente Lösungsfindung werden die gleichen Bewertungskriterien, mit geeigneter Modifikation für Rotationen in zwei Ebenen, angewandt. Dies betrifft bspw. die Lage des Momentanpols, der idealerweise für die kombinierten Rotationen in zwei Ebenen dauerhaft im TCP liegt. Es erfolgt eine entsprechende Differenzierung, wenn dies lediglich auf den Momentanpol einer Rotation zutrifft.

Der Maßstab des Kriteriums der relativen Massen wird ebenfalls auf die höheren Werte der Getriebegesamtstruktur angepasst.

Für den mittleren Drehwinkel werden die Rotationen der einzelnen Ebenen über den gesamten, kombinierten Drehbereich betrachtet und die als den Drehwinkel maßgeblich limitierende Ebene für den Vergleich herangezogen.

Die Forderung nach einer Adressierung von beliebigen Punkten im Raum unter beliebigen Winkeln bzw. aus beliebigen Richtungen ist durch ein neues Kriterium in der Bewertung berücksichtigt. Dieses Kriterium führt zwangsläufig zu einer Abwertung von Getriebegesamtstrukturen, deren Hauptdrehachsen nicht in zwei zueinander orthogonalen Ebenen liegen und damit nicht vollständig unabhängig zueinander sind (vgl. Kapitel 4.2.3). Vor diesem Hintergrund erreichen lediglich die nach dem aufgeführten Schema variierten seriellen Getriebegesamtstrukturen K2.1, K2.2 und K2.3 aus Abbildung 4.5 technische Wertigkeiten im Bereich der übrigen Getriebegesamtstrukturen, die nicht derartig unterschieden werden. Eine konstruktive Detaillierung dieser Strukturen mit einer Orientierungsvariation der Hauptdrehachsen ist bei Einschränkungen des Bewegungsbereiches durch Kollisionen realer Bauelemente dennoch in Erwägung zu ziehen. Sie werden daher, gemeinsam mit den weiteren Getriebegesamtstrukturen der Abbildung 4.5, in die mehrwerti-

Tabelle 4.11: Maßstab der Bewertungskriterien der Toolrotation in zwei Ebenen

Bewertungskriterium	**0 Pkt.**	**1 Pkt.**	**2 Pkt.**	**3 Pkt.**	**4 Pkt.**
Anzahl der Gelenke (Komplexität)	≥ 5	4	3	2	1
Lage der Momentanpole	alle dauerhaft in gestellfestem Lagerpunkt	beliebige Lage eines Momentanpols	beliebige Lage aller Momentanpole	ein Momentanpol im TCP	alle dauerhaft im TCP
Relative Masse	> 5	$> 4 \ldots 5$	$> 3 \ldots 4$	$> 2 \ldots 3$	≤ 2
Mittlerer Drehwinkel in der NMM-1	$0° \ldots 20°$	$> 20° \ldots 40°$	$> 40° \ldots 60°$	$> 60° \ldots 80°$	$> 80° \ldots 95°$
Adressierbarkeit von beliebigen Punkten im Raum	unter beliebigen Winkeln	-	-	-	unter beliebigen Winkeln aus beliebigen Richtungen
Technische Realisierbarkeit	-	ausschließlich Eigenentwicklung	hoher Aufwand	geringer Aufwand	kommerzielle Positioniersysteme

ge Bewertung einbezogen. Die für den Vergleich berücksichtigten Strukturen stellen bereits eine Auswahl, der nach Anwendung der Bewertung ermittelten zwölf Varianten, höchster technischer Wertigkeit dar, die auf Variationen aus den Tabellen 4.6 und 4.7 basieren.

In Tabelle 4.11 sind die modifizierten Bewertungskriterien aufgeführt. Die Forderung nach einer weitgehenden Verwendung von Kaufteilen für die rotatorischen Positioniersysteme wird über das Kriterium der technischen Realisierbarkeit berücksichtigt. Es bedingt eine Abwertung von parallelkinematischen Getriebegesamtstrukturen, wie dem sphärischen Goniometer (K2.8) oder sphärischen Pendel (K2.7), deren Realisierung mit einem vergleichsweise hohen Entwicklungsaufwand verbunden ist. Aufgrund der Subjektivität dieses Kriteriums wird es mit einer geringeren Wichtung in der Ermittlung der technischen Wertigkeit berücksichtigt. In Tabelle 4.12 ist ein Auszug der mehrwertigen Bewertung der hinsichtlich ungewichteter Punktzahl fünf bes-

Tabelle 4.12: Auszug aus Tabelle A.4: mehrwertige Bewertung der Getriebegesamtstrukturen für Rotationen eines Tools in zwei Ebenen

Bewertungskriterium	**Wtg.**	**Ideal gew. Pkt.**	**K2.1a**		**K2.2a**		**K2.3a**		**K2.2b**		**K2.8**	
			Pkt.	gew. Pkt.	Pkt.	gew. Pkt.	Pkt.	gew. Pkt.	Pkt.	gew. Pkt.	Pkt.	gew. Pkt.
Anzahl der Gelenke (Komplexität)	6	24	3	18	3	18	3	18	3	18	4	24
Lage des Momentanpols	7	28	3	21	3	21	4	28	3	21	4	28
Relative Masse	4	16	2	8	2	8	0	0	3	12	1	4
Mittlerer Drehwinkel in der NMM-1	10	40	3	30	3	30	3	30	4	40	3	30
Adressierbarkeit	4	16	4	16	4	16	4	16	0	0	4	16
Techn. Realisierbarkeit	5	20	4	20	4	20	4	20	4	20	1	5
Summe	36	144	19	113	19	113	18	112	17	111	17	107
Rang (von 12)			1	1	1	1	3	3	4	4	5	5
Wertigkeit (%)		100	78,5		78,5		77,8		77,1		74,3	

ten Getriebegesamtstrukturen für Rotationen eines Tools in zwei Ebenen dargestellt.

Die zugrundeliegenden Werte für die jeweiligen Bewertungskriterien sind in Tabelle A.2 und die vollständige Bewertung aller Getriebegesamtstrukturen in Tabelle A.4 im Anhang aufgeführt.

Die fünf besten Getriebegesamtstrukturen erreichen eine technische Wertigkeit über 70 % und können nach der VDI2225 als technisch gute Lösungsvarianten betrachtet werden. Sie sind in diesem Sinne für Gesamtstrukturkonzepte des SSM mit zusätzlichen Rotationen des Tools als für eine weitere Konkretisierung vorteilhaft anzusehen.

4.3.4 Objektrotationen und verteilte Rotationen

Für die Entwicklung einer Fünfachs-NPMM auf der Basis der Funktionsstrukturgruppen des SSM kann als Endeffektor für zusätzliche rotatorische Positioniersysteme das zu charakterisierende Objekt gewählt werden. Wie in Kapitel 4.1.3 erörtert, ist dies in Kombination mit Toolrotationen oder feststehendem Tool vorteilhaft. Es gelten im Wesentlichen die an die Toolrotation gestellten und in Tabelle 4.8 aufgeführten Anforderungen. Zusätzlich werden für das Objekt als Endeffektor in Verbindung mit Literaturempfehlungen [Hac10; Hau+11; Lot09] weitere Forderungen festgehalten (vgl. Tabelle 4.13). Die durch ein rotatorisches Positioniersystem zu bewegenden Massen überschreiten dabei nicht die der Toolrotation, skalieren jedoch mit der innerhalb der NPMM zulässigen Objektgeometrie. Vor diesem Hintergrund sind die in den vorherigen Kapiteln identifizierten Getriebestrukturen in Bezug auf die relativen Massen ebenfalls für Objektrotationen geeignet.

Sofern die räumlichen Ausdehnungen des Objektes nicht zu Kollisionen mit den Realgeometrien der rotatorischen Positioniersysteme führen, sind die Getriebegesamtstrukturen der Toolrotationen auch für Objektrotationen qualifiziert.

Die räumliche Ausdehnung des Objektes führt bei dessen Rotation im Ver-

Tabelle 4.13: Forderungsliste an rotatorische Objektpositioniersysteme einer NPMM mit SSM, F - Festforderung und W - Wunschforderung, als Erweiterung zu Tabelle 4.8

Nr.	Wtg.	Anforderung	Wert
1	F	Mess- bzw. Fabrikationsbereich innerhalb des kartesischen Arbeitsvolumens der NMM-1	25 mm × 25 mm × 5 mm
2	W	Mess- bzw. Fabrikationsbereich innerhalb des kartesischen Arbeitsvolumens der NPMM-200	200 mm × 200 mm × 25 mm
3	F	Masse des Endeffektors (Objekt mit Fassung)	$m_O \leq 0{,}5$ kg
4	W	Masse des Endeffektors (Objekt mit Fassung)	$m_O \leq m_T = 2{,}0$ kg
5	W	Dauerhafte Adressierbarkeit aller Punkte der Objektoberfläche durch das Tool	
6	W	Maximierung der adressierbaren Objektabmessungen	
7	W	Minimierung der durch das bestehende translatorische Positioniersystem der NPMM zusätzlich zu bewegenden Massen	rotatorische Positioniersysteme + Objekt $= m_{rP} + m_O \leq 4$ kg

gleich zu der Rotation des Tools um den TCP zu einer Verschiebung von Objektpunkten außerhalb des Drehzentrums. Überschreiten Teile des Objektes während der Rotation den Messbereich der NPMM, können diese durch den TCP nicht adressiert werden. Soll der Drehbereich der gewählten Getriebestruktur hierdurch nicht limitiert sein, sind entsprechende Restriktionen der Objektgeometrie nötig, die von der jeweiligen Kinematik bestimmt werden. In Verbindung mit den Forderungen der Adressierbarkeit an das Tool und das Objekt können zulässige Objektgeometrien auf der Basis von Getriebegesamtstrukturen mit Rotationen in bis zu zwei Ebenen (vgl. Kapitel 4.3.3) abgeleitet werden (vgl. Abbildung 4.8). Wie aus der Untersuchung der Getriebegesamtstrukturen hervorgeht, wird die zulässige Objektgeometrie innerhalb des Arbeitsvolumens der NPMM (A × A × H) signifikant eingeschränkt, sofern das Objekt dieses Volumen nicht während seiner Rotationen mit den geforderten Rotationsbereichen verlassen soll. Vor diesem Hintergrund sind die zusätzlichen Rotationen in zwei Ebenen eines Objektes als Endeffektor in einer NPMM mit SSM nicht zielführend. In Abbildung 4.8a ist ersichtlich, dass sich die Restriktion der Objektgeometrie durch lediglich eine Rotation des Objektes mit einer Hauptdrehachse normal zur Grundfläche (A × A) minimieren lässt. Wird weiterhin die Adressierung beliebiger Punkte eines Halbkugelobjektes normal zu dessen gekrümmter Oberfläche gefordert, sollte die zweite Rotation am Tool erfolgen. Grundlage dieser Toolrotation ist mit ab-

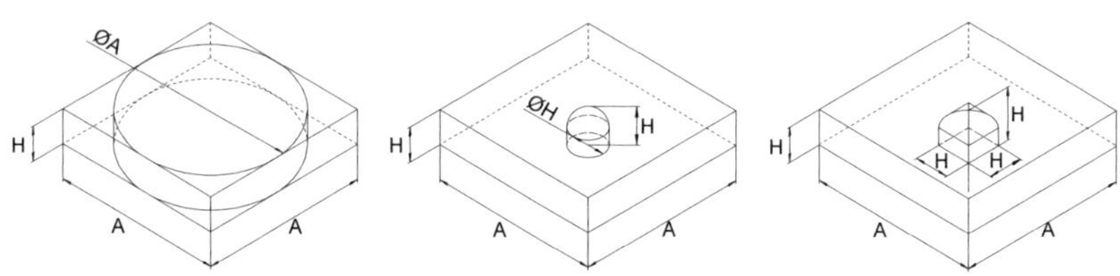

(a) Rotation um z in einer Ebene für z. B. K1.3

(b) Rotationen in zwei Ebenen für z. B. K2.1a, K2.1b, K2.2a, K2.2b, K2.5, K2.8

(c) Rotationen in zwei Ebenen für z. B. K2.3a, K2.3b

Abbildung 4.8: Restriktion der Objektgeometrie in Abhängigkeit von der Getriebegesamtstruktur der Objektrotationen nehmender technischer Wertigkeit vorzugsweise eine der Getriebestrukturen K1.3, K1.2, K1.6, K1.5 oder K1.4 (vgl. Tabelle 4.10) und damit idealerweise ein Momentanpol im TCP. In Verbindung mit dem durch die Segmentlager der Goniometervarianten eingeschränkten Rotationsbereich ist für die Rotation des Objektes insbesondere die Getriebestruktur einer einfachen Kurbel bzw. eines Drehtisches (K1.3) in Betracht zu ziehen.

4.4 Nanopositionier- und Nanomessmaschine mit Toolrotationen in zwei Ebenen

Auf der Grundlage der in Kapitel 4.3.3 erarbeiteten Getriebegesamtstrukturen werden nachfolgend Toolrotationen in zwei Ebenen im Rahmen des Konstruktiven Entwicklungsprozesses weiter detailliert und grundlegende Eigenschaften der entsprechenden Gestalt und Funktion nach der Integration in eine NPMM mit SSM erarbeitet. Ausgangspunkt der Untersuchungen der Toolrotationen sind in die NMM-1 integrierte, kommerzielle rotatorische Positioniersysteme höchster Präzision.

In Relation zu Rotationen des Objektes sind mit den Rotationen des Tools in zwei Ebenen keine signifikanten Einschränkungen des zulässigen Objektvolumens und der zulässigen Objektmasse verbunden. Die zusätzliche Masse der rotatorischen Positioniersysteme ist für die vorhandenen translatorischen Positioniersysteme zu berücksichtigen, wenn das Objekt Rotationen ausführen soll [Jor18; Sch+18b].

Ferner sind die potentiellen Gestaltvariationen möglicher Messobjekte größer, als die der zur Verfügung stehenden Tools, welche in NPMM zum Einsatz kommen. Die rotatorischen Positioniersysteme und entsprechende Koppelelemente können auf die Toolgestalt abgestimmt werden. Dies ermöglicht eine Optimierung hinsichtlich minimaler mechanisch und thermisch induzierter Verformungen bzw. deren Berücksichtigung über einen toolspezifischen Kalibriervorgang. Die Verformung des Objektes bei dessen Orientierungsänderung im Schwerefeld der Erde ist unbestimmt. Eine Anpassung der Objektgestalt kann nicht vorausgesetzt werden, was insbesondere für Nanofabrikationsprozesse von Bedeutung ist. Die geringere zu erwartende Gestaltvariation ermöglicht zudem eine Berücksichtigung einer dritten zusätzlichen Rotation des Tools um dessen Hauptachse [Jor18; Sch+18b].

Weiterhin ist das entwickelte System der Toolrotationen ohne signifikante Gestaltänderungen auf NPMM mit größeren Arbeitsvolumina skalierbar, wodurch die Integration auch im Umfeld der NPMM-200 möglich wird. Die rotatorisch zu bewegenden Massen sind für NPMM mit mittlerem Arbeitsvolumen, wie die NMM-1, für die zu positionierenden Objekte im Vergleich zu den zu erwartenden Toolmassen als gleichwertig oder geringer einzuschätzen. Durch eine Erhöhung des zulässigen Objektvolumens bei NPMM mit großem Arbeitsvolumen, wie der NPMM-200, ist eine signifikante Erhöhung der Objektmasse möglich, die eine Anpassung der Gestalt der entsprechenden rotatorischen Positioniersysteme erfordern würde. Ein vergleichbarer Zusammenhang ist für den für die rotatorischen Positioniersysteme zur Verfügung stehenden Bauraum zu berücksichtigen [Jor18; Sch+18b].

4.4.1 Auswahl geeigneter Funktionsbaugruppen

Auf der Grundlage der in Kapitel 4.3.3 für die Rotationen eines Tools in zwei Ebenen als vorteilhaft identifizierten Getriebegesamtstrukturen ist eine weitere Konkretisierung mit der Auswahl geeigneter Funktionselemente verknüpft. Der Rückschluss von der jeweiligen Gestalt auf die für die Funktionserfüllung essenziellen Eigenschaften ist, basierend auf Literaturangaben (vgl. Kapitel 2.1), nur schwer möglich. Die detaillierte Analyse, der in Kapitel 2.1 beschriebenen, kommerziell erhältlichen rotatorischen Positioniersysteme im Umfeld der NMM-1, ermöglicht die Ableitung der für die Funktionserfüllung essenziellen und gestaltspezifischen Eigenschaften. Eine messtechnische Analyse wird insofern als notwendig erachtet, da wesentliche Informationen über die Eigenschaften der rotatorischen Positionierung, wie Reproduzierbarkeiten der Positionierabweichungen, erfassbar sind und Erkenntnisse zur Gestaltoptimierung abgeleitet werden können.

Vor diesem Hintergrund werden nachfolgend die in Kapitel 2.1 erarbeiteten Konstruktionskataloge und die in Kapitel 4.3.3 definierten Anforderungen in die Wahl geeigneter, kommerziell erhältlicher Funktionsgruppen einbezogen. Für die Auswahl sind weitere, charakteristische Eigenschaften der erhältlichen rotatorischen Positioniersysteme zu berücksichtigen:

- **Winkelauflösung und Winkelreproduzierbarkeit**

  Auf der Basis technischer Prinzipe führt eine Winkelabweichung idealerweise nicht zu einem translatorischen Versatz des TCP und damit zu Abbefehlern erster Ordnung. Bedingt durch die Lage beider Momentanpole der Positioniersysteme im TCP der vorteilhaften Getriebegesamtstrukturen kann der Winkelauflösung und der Winkelreproduzierbarkeit der rotatorischen Positioniersysteme eine geringere Wichtung als dem Bewegungsbereich zugeordnet werden. Die zulässige Oberflächenneigung für Messungen mit vorhandenen Tastsystemen beträgt oftmals weniger als 10° [MJH12]. Aus wissenschaftlichen Untersuchungen ist zudem bekannt, dass Winkelabweichungen unter 0,1° zu keiner signifikanten Messabweichung des Tastsystems führen [Sch13]. Mit den Winkelauflösungen kommerziell erhältlicher, hochpräziser rotatorischer Positioniersysteme von meist $< 1 \times 10^{-3}\,^{\circ}$ ist eine Positionierung des Tools unterhalb dieser Grenzwerte möglich. Für die Realisierung eines möglichst großen Neigungswinkels des Tools mit Goniometern sind kommerziell erhältliche Positioniersysteme mit Gleichstrom- oder Schrittmotoren in Betracht zu ziehen.

- **Bahnabweichungen der Bewegungsumsetzer**

  Translatorische Positionsänderungen des TCP werden für Getriebegesamtstrukturen mit Momentanpolen im TCP maßgeblich durch Bahnabweichungen der Bewegungsumsetzer (Lager und Segmentlager) beeinflusst [Sch13]. Für rotatorische Positioniersysteme sind diese in Radial-, Axial- und Taumelbewegungen unterteilbar und in den zugehörigen Datenblättern kommerzieller Systeme aufgeführt. Die angegebenen Werte sind meist als Grenzwerte hinterlegt, die durch das jeweilige rotatorische Positioniersystem innerhalb seiner Spezifikationen garantiert werden. Insbesondere aerostatisch gelagerte Positioniersysteme erreichen Werte $\leq 1\,\mu m$ für Radial- und Axialabweichungen bzw. $\leq 10\,\mu rad$ für Taumelabweichungen. Für Positioniersysteme mit Wälzlagern höchster Präzision sind ähnliche Werte erreichbar. Wälzlager ermöglichen zudem die Übertragung der rotatorischen Positioniersysteme von der NMM-1 in die NPMM-200 und damit in eine Kammer mit Grobvakuum bei gleichzeitig reduziertem Entwicklungsaufwand.

Entscheidend für die Erreichung einer möglichst geringen Messunsicherheit des multiaxialen Gesamtsystems ist eine höchstmögliche Reproduzierbarkeit der Bahnabweichungen. In Anlehnung an das internationale Vokabular für Metrologie erfolgt die Abgrenzung der Begriffe Positionierwiederholbarkeit und Positionierreproduzierbarkeit. Demnach ist die Reproduzierbarkeit als Präzision der Messung unter reproduzierbaren Bedingungen, wie verschiedene Standorte, Bediener, Messsysteme und Wiederholungsmessungen an gleichen oder ähnlichen Objekten zu verstehen. Ausschlaggebend für eine hohe Reproduzierbarkeit ist dabei eine Wiederholbarkeit der Messung und damit die Präzision unter einer Reihe von Wiederholbarkeitsbedingungen der Messung. Unter diesen Bedingungen sind das gleiche Messverfahren, Bedienungspersonal, Messsystem, der gleiche Ort, sowie die gleichen Betriebsbedingungen mit Wiederholungsmessungen an gleichen oder ähnlichen Objekten über einen kurzen Zeitraum zu verstehen [BIP17].

Angaben zur Wiederholbarkeit der Positionierung sind nicht in den zugehörigen Datenblättern der Positioniersysteme vorhanden und müssen daher abgeschätzt oder messtechnisch für das jeweilige rotatorische Positioniersystem und den Anwendungsfall für Realbaugruppen bestimmt werden. In den Auswahlprozess geeigneter Funktionsbaugruppen können jedoch Unsicherheitsbestimmungen mit entsprechenden Korrekturfaktoren für die Wiederholbarkeit der rotatorischen Positioniersysteme der jeweiligen Getriebegesamtstruktur einbezogen werden. Aus dem Bereich der Messtechnik sind hierfür Richtlinien, wie der JCGM 100 (Guide to the Expression of Uncertainty in Measurement, GUM) bzw. die gleichwertige Norm ISO/IEC 98-3, zur Modellierung und Bestimmung der Messunsicherheiten bekannt [BIP17]. Die Anwendung derartiger Richtlinien ist dem Konstrukteur über entsprechende Software möglich, die den Aufbau von Funktionsmodellen erlaubt [Qua19]. Die Bahnabweichungen in Form von Radial-, Axial- und Taumelbewegungen können als mögliche Unsicherheitseinflüsse für die Gesamtstrukturvarianten betrachtet werden und ermöglichen so den Vergleich verschiedener Strukturvarianten bereits auf der Ebene von technischen Prinzipen.

In Tabelle 4.14 sind auszugsweise Ergebnisse einer Modellbildung vor-

Tabelle 4.14: Ergebnisauswahl der Unsicherheitsmodelle vorteilhafter Getriebegesamtstrukturen für Rotationen eines Tools in zwei Ebenen

Faktor	TCP-Versatz	K2.1a	K2.2b	K2.3a
1	x in µm	9,24	1,64	5,0
	$u_c(x)$ in µm	1,2	0,55	0,75
	y in µm	10,05	2,12	13,8
	$u_c(y)$ in µm	1,3	0,55	1,4
	z in µm	3,67	1,48	8,8
	$u_c(z)$ in µm	0,41	0,49	1,2
5	$u_c(x)$ in µm	0,26	0,11	0,16
	$u_c(y)$ in µm	0,28	0,11	0,31
	$u_c(z)$ in µm	0,12	0,089	0,26
10	$u_c(x)$ in µm	0,15	0,089	0,16
	$u_c(y)$ in µm	0,16	0,089	0,31
	$u_c(z)$ in µm	0,092	0,083	0,26

teilhafter Getriebegesamtstrukturen für den am TCP zu erwartenden, in einer Kalibrierung zu berücksichtigenden Versatz und dessen kombinierte Standardmessunsicherheit u_c gegenübergestellt. Das GUM-Modell und die hierfür getroffenen Annahmen basieren auf technischen Daten, der für die Erfüllung der gestellten Anforderungen an die Rotationen eines Tools in zwei Ebenen geeigneten rotatorischen Positioniersysteme (Herleitung vgl. Anhang A.3). Ein direkter Rückschluss von den technischen Daten der absoluten Radial-, Axial- und Taumelbewegungen der einzelnen Getriebestrukturen auf die Standardmessunsicherheit der Getriebegesamtstruktur ist nicht ohne Beschränkung der Allgemeinheit möglich. Als grundlegende Orientierung enthält Tabelle 4.14 auf Herstellerinformationen (Kalibrierprotokolle und Datenblätter) basierende Größenabschätzungen der zugrundeliegenden Positionierwiederholbarkeiten und deren Verbesserung um den Faktor fünf bzw. zehn. Dies erlaubt die Berücksichtigung im Rahmen einer detaillierteren Analyse der Getriebegesamtstrukturen. Insbesondere Strukturen mit umlaufend rotationsfähigen Lagern als Bewegungsumsetzer ermöglichen hohe Positionierwiederholbarkeiten.

Konkretisierende Untersuchungen vorteilhafter Getriebegesamtstrukturen auf der Grundlage von repräsentativen CAD-Modellen ergeben detailliertere Werte der möglichen Drehwinkel innerhalb des für die Integration vorgesehenen Bauraums (NMM-1 bzw. NPMM-200) [Jor18]. Dahingehend führt bspw. die größere geometrische Ausdehnung der Drehtische für die Getriebegesamtstruktur K2.2a zu Einschränkungen der maximal ohne Kollisionen mit der Spiegelecke möglichen Drehwinkel. Dies kann konstruktiv durch eine Anordnung eines Drehtisches außerhalb des Bewegungsbereiches der Spiegelecke und damit zwischen dieser und dem metrologischen Rahmen durch einen translatorischen Versatz des Drehtisches entlang dessen Hauptdrehachse umgesetzt werden. Dabei bestehen die Herausforderungen in der Vermeidung einer Kollision mit den Laserinterferometern und einer Verdeckung ihrer Messstrahlen bzw. größere Kippmomente bei einer Anordnung außerhalb des Interferometerbauraums. Diese Limitierungen lassen sich durch eine Orientierungsvariation der Hauptdrehachsen (vgl. Kapitel 4.2.3) und den Wechsel zu K2.2b verringern, wodurch jedoch beide Drehachsen nicht vollständig unabhängig voneinander sind. Untersuchungen dieses Konzeptes sind, limitiert durch die Anwendung eines speziellen tunnelstrombasierten Miniatursensors geringer Masse, aus der Literatur bekannt [Sch13]. Die Kombination eines Drehtisches mit einem Goniometer (K2.1a) verringert die Restriktionen der Drehwinkel sowie Verdeckung von Messstrahlen und verknüpft dies mit einer im Vergleich zu Strukturen mit zwei Goniometern guten Positionierwiederholbarkeit.

Nachfolgende Untersuchungen beinhalten die detaillierte Analyse dieser Variante K2.1a, deren messtechnischen Nachweis der Funktion und insbesondere der Positionierwiederholbarkeit im Umfeld der NMM-1.

In Abbildung 4.9 ist eine Realisierung mit einem Drehtisch (L-611), einem Goniometer (WT-90) und einer zugehörigen Multiaxialsteuerung (SMC-Hydra) der Physik Instrumente GmbH (PI) dargestellt. Die auf der Grundlage einer systematischen Analyse der Konstruktionskataloge ausgewählten Komponenten besitzen für die zu erfüllenden Anforderungen (vgl. Tabelle 4.8) notwendige und für weiterführende Entwicklungen vorteilhafte Eigenschaften:

- Der **Drehtisch** L-611 basiert in der vorliegenden Ausführung (L-611.9 ASD) auf einem vibrationsarmen 2-Phasen-Schrittmotor als Aktor, einem Energieumsetzer in Form eines spielarm vorgespannten Schneckengetriebes und vorgespannte Kugellager als Bewegungsumsetzer mit einem direkt am Abtrieb des Drehtisches messenden inkrementell-opti-

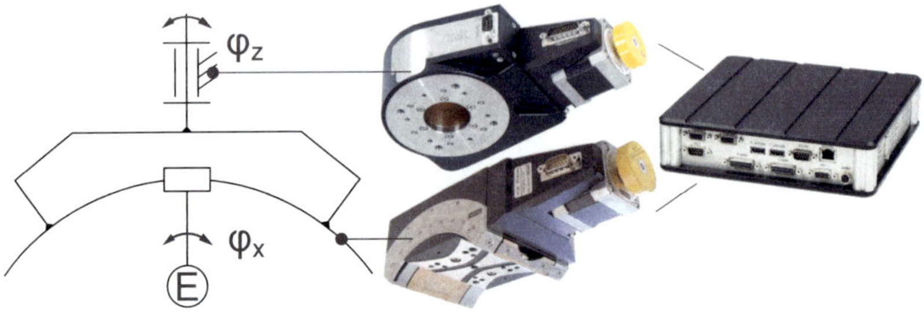

Abbildung 4.9: Funktionsbaugruppen für Toolrotationen: L-611.9ASD Präzisions-Rotationstisch (φ_z) [Phy17a], WT-90-65509201 Präzisions-Goniometer (φ_x) [Phy17e], SMC-Hydra Motion Controller [Phy17c]

schen Winkelmesssystem sowie Hall-Effekt Referenzschalter. Dies ermöglicht eine Reduzierung des Wärmeeintrages durch eine Positionstreue der Winkellage auch bei unbestromtem Aktor, unabhängig von der Orientierung des Drehtisches im Schwerefeld der Erde. Die Energie- und Informationsführung des seriell am Abtrieb gekoppelten Goniometers und des Tools ist durch die freie Apertur von Ø35 mm des Drehtisches L-611 gewährleistet [Phy17a]. In der Ausführung V6-V9 ist der Drehtisch L-611 bis 10^{-7} Pa Vakuum tauglich, was die Übertragung in die NPMM-200 erlaubt [Phy17b].

- Das **Goniometer** WT-90 besitzt einen vergleichbaren Gesamtaufbau. Der Bewegungsumsetzer besteht jedoch aus einem vorgespannten Draht-Segmentkugellager nach Franke [GBG18] mit vier Rollbahnringen aus Federstahldraht. Die Gestalt des Goniometers WT-90 erlaubt, in Verbindung mit der Ausführung WT-120, die weiterführenden Untersuchungen der Getriebegesamtstrukturen K2.3a und K2.3b und damit den Aufbau mit zwei Goniometern und gemeinsamem Momentanpol im TCP. Die Goniometer der WT-Reihe sind in der Ausführung FV, HV bzw. UHV ebenfalls Vakuum tauglich [Phy17d; Phy17e].

- Mit der **Steuerung** SMC-Hydra können für beide Positioniersysteme einzelne und unabhängige bzw. gemeinsame über eine 2D-Vektorbewegung mit linearer Interpolation generierte Bewegungen realisiert werden. Die dynamische Positionskorrektur des enthaltenen PID-Reglers ist in Verbindung mit den tabellarisch hinterlegten Korrekturwerten der Einzelachsen möglich (Einzelachs-Mapping). Die TCP/IP-, RS-232- und USB-Schnittstellen der gewählten RM-Variante erlauben die vollständige Integration in die bestehende Steuerungsarchitektur der NMM-1 und NPMM-200.

In Tabelle 4.15 sind die Positioniereigenschaften der gewählten Kombination aus Drehtisch und Goniometer enthalten. Die essenziellen Werte für die Positionierwiederholbarkeiten sind erwartungsgemäß geringer, als die garantierten Positionierabweichungen, müssen jedoch experimentell und idealerweise für den speziellen Anwendungsfall ermittelt werden.

Tabelle 4.15: Positioniereigenschaften von Drehtisch L-611 und Goniometer WT-90 für die Untersuchung der Toolrotationen [Phy17a; Phy17e]

Eigenschaften		**L-611**	**WT-90**
Rotationsbereich	maximal in °	>360	±45
	minimal in µrad	0,87	2,7
Positionierabweichung	Radial in µm	$\leq \pm 2{,}5$	-
	Axial in µm	$\leq \pm 1$	-
	Taumel in µrad	$\leq \pm 15$	$\leq \pm 125$
Wiederholgenauigkit	unidirektional in µrad	0,87	17,5
	bidirektional in µrad	±3,5	±17,5
maximale Winkelgeschwindigkeit in $^\circ/s$		50	10

4.4.2 Mechanische Anbindung

Mit den in Kapitel 4.4.1 ausgewählten Positioniersystemen (Drehtisch L-611 und Goniometer WT-90) sind, aufgrund der zulässigen Kräfte und Momente, grundlegende Untersuchungen einer Vielzahl an Anordnungs- und Orientierungsvarianten der Toolrotation in einer NPMM mit bestehendem SSM möglich. Dies beinhaltet die in Kapitel 4.2.3 beschriebenen Orientierungsvariationen der Hauptdrehachsen und zusätzlich einen translatorischen Versatz der Positioniersysteme. Wie in Abbildung 4.10b für die NMM-1 dargestellt, ist

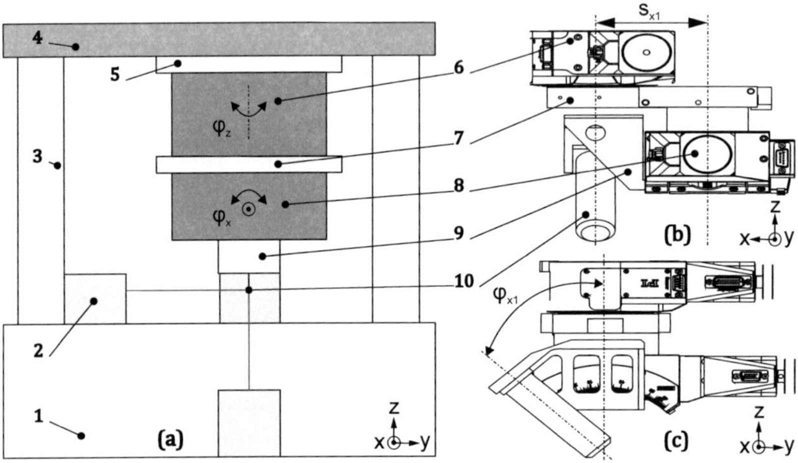

Abbildung 4.10: Mechanische Anbindung der Toolrotation innerhalb der NMM-1: (1) Interferometerträger IFT_{NMM-1} (metrolog. Rahmen); (2) Laserinterferometer (3x); (3) Säule (3x, metrolog. Rahmen); (4) Deckplatte (metrolog. Rahmen); (5) Verbinder-1; (6) Drehtisch L-611 (φ_z) [Phy17a]; (7) Verbinder-2; (8) Goniometer WT-90 (φ_x) [Phy17e]; (9) Verbinder-3; (10) Tool

bspw. ein konstruktiver Versatz s_{x1} des Goniometers entlang dessen Hauptdrehachse möglich. Dies erlaubt den Einsatz von Tools, deren Gestalt eine Übereinstimmung des TCP mit beiden Hauptdrehachsen ohne diesen Versatz nicht dauerhaft gewährleistet (Seitenansicht, vgl. Abbildung 4.10c). Bei der konstruktiven Umsetzung ist für die Einhaltung der Spezifikationen des Drehtisches L-611 u. a. darauf zu achten, dass das zulässige Kippmoment ($< 40\,\mathrm{Nm}$) und die zulässige Axialkraft ($< 100\,\mathrm{N}$) nicht überschritten werden. Ferner ist eine Kollision des Goniometers WT-90 in Abhängigkeit von s_{x1} insbesondere mit den in der NMM-1 vorhandenen Säulen während einer Rotation des Drehtisches L-611 (φ_z) zu berücksichtigen und ggf. mit einer Gestaltänderung des metrologischen Rahmens verbunden.

Mit übereinstimmenden freien Öffnungen des Drehtisches L-611 sowie des Verbinders-2 und Verbinders-3 ist zudem für die Toolausrichtung entlang der

Hauptdrehachse des L-611 eine Bilderfassung mittels Kamerasystem, wie bei dem in der NMM-1 eingesetzten Fokussensor, durch die freie Öffnung des L-611 möglich.

Für die vollständige Adressierung normal innerhalb einer Hemisphäre ist es von Vorteil, das Goniometer WT-90 oder das Tool über die Gestalt des Verbinders-2 oder Verbinders-3 mit einer Neigung $\varphi_{x1} = 45°$ zu integrieren. Auf diese Weise lässt sich der gesamte Bewegungsbereich des Goniometers WT-90 von $\pm 45°$ mit eindeutigen Ausrichtungen des Tools verwenden (vgl. Abbildung 4.10c). Sofern durch die Gestalt des Tools gewährleistet, sollte die Variante der Neigung des Verbinders-3 favorisiert werden, da dies mit einem, im Vergleich zu der geneigten Orientierung des Goniometers WT-90, vergrößerten zulässigen Drehwinkel φ_x verbunden ist, bevor es zu Kollisionen mit bspw. der Spiegelecke der NMM-1 kommt.

Dem bestehenden Prinzip des Tastsystemaustauschs der NMM-1 folgend, ist die Anbindung der rotatorischen Positioniersysteme an die Deckplatte des metrologischen Rahmens bei gleichzeitiger Höhenvariation der drei vorhandenen Säulen mit vergleichsweise geringen konstruktiven Änderungen der NMM-1 verbunden (vgl. Abbildung 4.10). Hierfür ist die Deckplatte in ihrer Gestalt über den Verbinder-1 an die Geometrie des Drehtisches L-611 anzupassen. Gleiches gilt für die Verbindung zwischen Drehtisch L-611 und Goniometer WT-90 (Verbinder-2) sowie zwischen WT-90 und dem einzusetzenden Tool (Verbinder-3).

Die Koppelelemente der Koppelstellen (Verbinder) sind essenzieller Bestandteil der dauerhaften Lagedefinition der einzelnen Positioniersysteme und des Tools zueinander sowie in Relation zu den Elementen der NMM-1, wie den Laserinterferometern, die das Koordinatensystem definieren. Die Koppelstellen können zudem für die Justierung der Positioniersysteme und des Tools genutzt werden, wodurch eine Übereinstimmung der Hauptdrehachsen mit dem TCP und dem Kreuzungspunkt der Laserinterferometer einstellbar ist. Für den Betrieb der NMM-1 wird nach einem Tausch des Tools und ggf. vor Beginn einer Messung die Lage des TCP durch einen entsprechenden Kalibriervorgang bestimmt. Das Tool wiederum ist über eine Einspannvorrichtung mit der Deckplatte verbunden, deren Relativlage zum Abbepunkt während des Einrichtungsvorganges definiert und über eine Einspannvorrichtung an den Säulen fixiert wird. Der Einrichtungsvorgang wird mittels Rücken der Deckplatte auf den Säulen unter Einleitung von seitlichen Impulsen durchgeführt.

4.4.3 Ansätze zur Strukturoptimierung

Die Integration zusätzlicher Positioniersysteme für die Toolrotation bedingt Einflüsse auf die Struktur der NPMM, die in der Gestaltdefinition der Strukturelemente zu berücksichtigen sind:

- Elastische Verformungen durch Temperaturänderungen aufgrund des zusätzlichen Wärmeeintrages der Aktoren der rotatorischen Positioniersysteme
- Zunahme plastischer Verformungen (Materialkriechen) infolge größerer Massen
- Erhöhte statische und quasistatische Verformungen durch größere Massen sowie zeitlich veränderliche Lastfälle, aufgrund unterschiedlicher Positionen der Teilmassen bei Lageänderungen der Positioniersysteme
- Dynamische Verformungen infolge des Eintrages von Schwingungen der Positioniersysteme während der Rotationen

Die mechanisch und thermisch induzierten Verformungen können durch eine Optimierung der Geometrie und des Materials reduziert werden.

Materialien verringerter Gestaltänderung bei erhöhtem Wärme- und Lasteintrag

Innerhalb der NMM-1 werden, wie in Kapite 2.2 beschrieben, für die Bauteile des metrologischen Rahmens Materialien wie Quarzglas, Zerodur und bei entsprechender Komplexität der Geometrie (Deckplatte, Interferometerjustierer) auch Nickel-Eisen-Legierungen, wie Invar36 eingesetzt [Hau+11; Hau02]. Dies garantiert eine hohe geometrische Langzeitstabilität bei Temperaturänderungen aufgrund eines niedrigen thermischen Längenausdehnungskoeffizienten α sowie einer hohen Temperaturleitfähigkeit a und somit verlängerter Kalibrierintervalle durch reduzierte Lageänderungen des TCP. Eine hohe Temperaturleitfähigkeit bedingt die Eignung des Werkstoffes, thermische Gradienten abzuführen und ist durch eine hohe Wärmeleitfähigkeit λ in Verbindung mit geringer Dichte ρ und kleiner spezifischer Wärmekapazität c des Werkstoffes zu erreichen [Ash17]:

$$a = \frac{\lambda}{\rho \cdot c} \quad \text{in} \quad \frac{m^2}{s} \tag{4.2}$$

Materialspezifische Werte für mechanische und thermische Eigenschaften von Konstruktionswerkstoffen, die in NPMM Verwendung finden, sind in Tabelle A.6 des Anhangs aufgeführt. Die verwendeten Werkstoffe der mechanischen Anbindung der Toolrotation werden bspw. durch die Massen des Tools und der Positioniersysteme mechanisch belastet. Dies hat Spannungen σ sowie materialspezifische Dehnungen ε zur Folge und führt zu Verlagerungen des TCP bzw. in geringerem Maße der Laserinterferometer (bei Anbindung nach Abbildung 4.10). Ist die Dehnung des Materials unterhalb der Proportionalitätsgrenze des Hookschen Gesetzes ($\sigma = \varepsilon E$) nach einem längeren Zeitraum der Entlastung nicht reversibel, spricht man von plastischen Nachwirkungen oder Kriechen [Hau+11]. Diese zusätzliche Deformation ist analytisch nur schwer zu beschreiben, lässt sich jedoch als Kriechfehler $\varepsilon(t)$, bezogen auf die Grundauslenkung $\varepsilon(t = 0)$, für die ersten beiden Bereiche des Übergangskriechens ($\mathrm{t} < 500\,\mathrm{h}$) approximieren [Hau+11]:

$$\varepsilon(t) = a \ln(bt + 1) \tag{4.3}$$

Materialspezifische Werte für die Parameter a und b von Konstruktionswerkstoffen, die in NPMM Verwendung finden, sind in Tabelle A.7 des Anhangs aufgeführt. Die größten Kriechbewegungen sind in den ersten Stunden nach einem Lastwechsel zu beobachten. Da die zusätzliche Deformation von der Grundauslenkung abhängt, ist ein möglichst steifer metrologischer Rahmen zu bevorzugen, eine durch Lastwechsel hervorgerufene Grundauslenkung zu minimieren sowie Lastwechsel im Allgemeinen zu vermeiden [Hau+11].

Geometrien verringerter Verformung bei erhöhtem Lasteintrag

Die statischen und dynamischen Verformungen der Struktur können durch eine Geometrievariation der Koppelelemente reduziert werden. Ein, durch entsprechende Verformungen bedingter, Versatz des TCP zum Abbepunkt der NMM-1 und damit dem Initialzustand der TCP-Position vor dem Messbeginn erhöht beispielsweise die nötigen translatorischen Korrekturbewegungen und die Messunsicherheit der NPMM [Hau+11]. Für die Messunsicherheit und Bearbeitungsqualität sind insbesondere Verformungen interessant, die während der Messung bzw. Bearbeitung stattfinden [Hau+11]. Die größten Verformungen sind innerhalb der NMM-1 bei einem Tausch des Tools gegen ein Tool mit rotatorischen Positioniersystemen im Bereich der quadratischen Deckplatte zu erwarten [Hau+11]. Unter Einbezug des grafischen Forderungsplans der NMM-1 (vgl. Abbildung 4.7) lässt sich die Verformung in z-Richtung (Durchbiegung) $\omega(x, y)$ der an drei Punkten gelagerten, quadratischen Deckplatte nicht vollständig analytisch beschreiben. Eine Abschätzung ist jedoch für die an zwei Seiten über Eck gelagerte Platte mit der Kantenlänge a, Plattendicke h, ihrer Poissonzahl ν und ihrem E-Modul E unter einer Flächenlast p über das Ritz-Verfahren möglich (Herleitung vgl. Anhang A.6):

$$\omega(x, y) = xya_1 + x^2y^2a_2 \tag{4.4}$$

mit den Parametern a_1 und a_2:

$$\begin{pmatrix} a_1 \\ a_2 \end{pmatrix} = \begin{pmatrix} -\frac{3a^2p(20a^4\nu^2+28a^4\nu-a^4)}{(15a^4\nu+41a^4)h^3E} \\ \frac{75\cdot pa^4(\nu^2-1)}{2\cdot(15a^4\nu+41a^4)h^3E} \end{pmatrix} \tag{4.5}$$

Wie diesem Zusammenhang entnommen werden kann, wird die Durchbiegung an der freien Plattenecke maximal und effektiv mit einer Erhöhung der Plattenbiegesteifigkeit K verringert [Gro+07]:

$$K = \frac{Eh^3}{12(1-\nu^2)} \tag{4.6}$$

In Bezug auf die Materialwahl ist die Durchbiegung unter Berücksichtigung des Eigengewichts der Platte, über eine möglichst hohe spezifische Steifigkeit ϕ reduzierbar:

$$\phi = \frac{E}{\rho} \quad \text{in} \quad \frac{Nm}{kg} \tag{4.7}$$

Eine größere spezifische Steifigkeit erhöht zudem die Eigenfrequenzen der Struktur [Gro+07]. Wird, neben der verringerten Durchbiegung, eine ho-

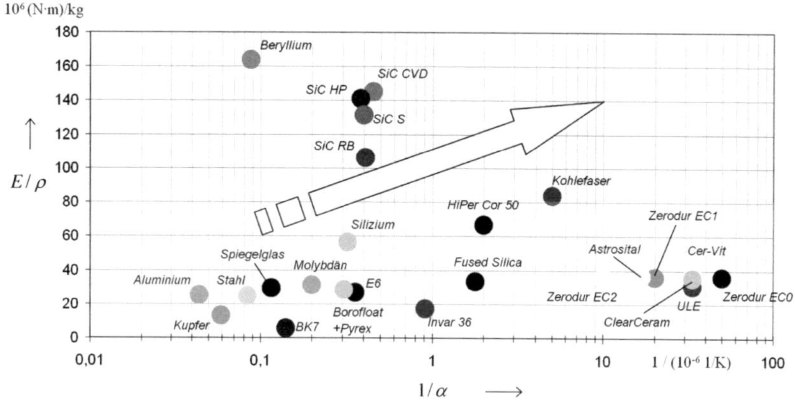

Abbildung 4.11: Spezifische Steifigkeit zu reziprokem thermischen Längenausdehnungskoeffizienten aus [Hac10] nach [Ash17]

he geometrische Langzeitstabilität bei Temperaturänderungen und damit ein geringer Längenausdehnungskoeffizient gefordert, sind aus der Literatur [Ash17] entsprechende Ansätze für die zielgerichtete Werkstoffwahl unter Einbezug unterschiedlicher Zielvorgaben und Randbedingungen bekannt (vgl. Abbildung 4.11).

Insbesondere für zu positionierende Bauteile als Teil des metrologischen Kreises, wie Spiegelecken oder bewegte Messsystemträger, ist ein Werkstoff optimal, der eine hohe spezifische Steifigkeit mit einer hohen reziproken thermischen Längenausdehnung verbindet. Lässt sich die gewünschte Steifigkeit der Struktur auch durch eine Geometrieanpassung im Rahmen akzeptabler Werte des Kriechfehlers erreichen und wird eine geringe Geometrieänderung bei Temperaturänderungen gewünscht, sind Keramiken, Glaskeramiken oder spezielle Gläser, wie Zerodur, Astrosital, ClearCeram oder ULE vorteilhaft. Sofern sich die gewünschte Geometrie fertigungstechnisch generieren lässt, sind im Allgemeinen kleinere Messunsicherheiten für NPMM stärker zu gewichten, als eine Dynamikerhöhung [Hau+11].

Im Vergleich zu der vereinfachten Plattenbiegung unter Anwendung des Ritz-Verfahrens (vgl. Gleichung 4.4) ist die detailliertere Verformungsanalyse insbesondere der komplexeren Anschlussgeometrien wie der Positioniersysteme, der Säulen und des Trägers der Laserinterferometer im Rahmen einer FEM-Analyse möglich. Dies eröffnet zudem die Möglichkeit einer geeigneten Modellbildung des Einflusses der durch die Positioniersysteme ortsveränderlichen Massen.

In Abbildung 4.12 ist das Ausgangsmodell der Strukturverformungen bei unterschiedlichen Orientierungen der Positioniersysteme an einer Standarddeckplatte der NMM-1 dargestellt. Details zum Modellaufbau sind in Anhang A.7 aufgeführt. Dabei ist der Drehtisch L-611 mit seinem Motor entlang der y-Achse in Richtung der Säulen orientiert und das Goniometer WT-90 in der $\varphi_z = 90°$ Lage mit Motor in Säulenrichtung sowie maximal ausgefahrenem Goniometerschlitten (WT-90b) dargestellt, was in den größten Amplituden der Toolspitzenverlagerung im Drehzentrum T resultiert. Die durch die Verformungen bedingten Verlagerungen von t und T sind mit ihren jeweiligen

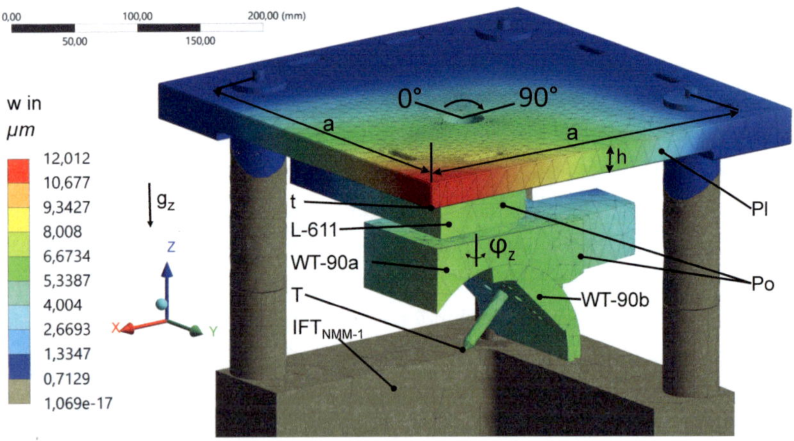

Abbildung 4.12: FEM-Analyse der Schwerkraft bedingten kombinierten Deckplatten- und Positioniersystemverformungen (ω): (Pl) Deckplatte der NMM-1 aus EN AW 7075; (Po) Positioniersysteme inkl. Koppelelementen; (WT-90a) Goniometergrundkörper; (WT-90b) bewegter Goniometerschlitten; (T) Drehzentrum und Toolspitze; (t) Plattenspitze, Unterseite; (a) Kantenlänge der Platte für analytische Lösung; (h) Plattendicke; (IFT) Interferometerträger

Richtungsanteilen und als kombinierter Vektor (mit Index komb) für variierende Goniometerorientierungen während einer vollständigen Rotation durch den Drehtisch L-611 in Abbildung 4.13 dargestellt. Für die $\varphi_z = 45°$ Orientierung des WT-90 Motors hat der kombinierte Massenmittelpunkt von Deckplatte und Positioniersystemen den geringsten Abstand zum Massenmittelpunkt der analytisch betrachteten Platte, was durch die kleinste Abweichung von der um 7,61 % höheren Verlagerung von t der FEM-Lösung deutlich wird. Während einer Rotation des Goniometers WT-90 von $\Delta\varphi_{z-G} = 360°$ erreichen die Amplituden von t und T_{komb} für das Beispiel in Abbildung 4.12 Differenzen von $\Delta T_{komb} = 1{,}186\,\mu m$ bzw. $\Delta t = 2{,}451\,\mu m$ und damit 19,7 % bzw. 17,8 % der jeweiligen maximalen Verlagerung.

Wie aus der Literatur [Hau+11] bekannt und durch eigene Analysen bestätigt, hat die Verformung der Deckplatte den größten Anteil an der maximalen Verlagerung von t und damit T. Diese lässt sich durch eine Vergrößerung der Plattenbiegesteifigkeit durch einen Materialwechsel oder eine Erhöhung der Plattendicke effektiv verringern. In Abbildung 4.14 sind die Ergebnisse der FEM-Simulationen dieser Geometrie- und Materialvariation für einige der in Abbildung 4.11 aufgeführten Materialien dargestellt (Parameter vgl. Anhang A.7). Jeder Wert entspricht dabei dem Ergebnis einer separaten statischmechanischen Analyse mit einer Konvergenz der Verformungen von

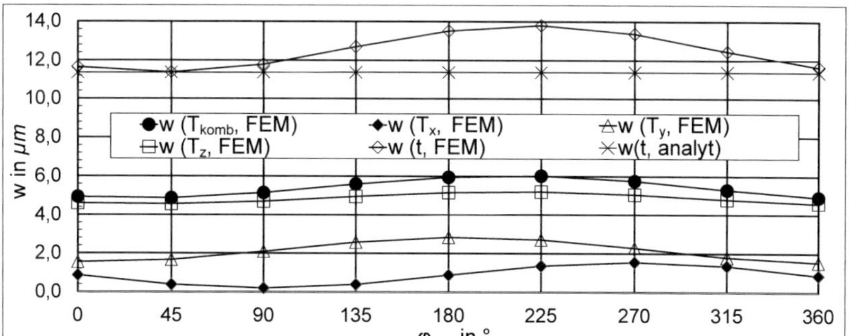

Abbildung 4.13: Verlagerung von t und T aufgrund von Verformungen während einer Rotation des Goniometers WT-90 durch den Drehtisch L-611 (h = 22 mm, Al)

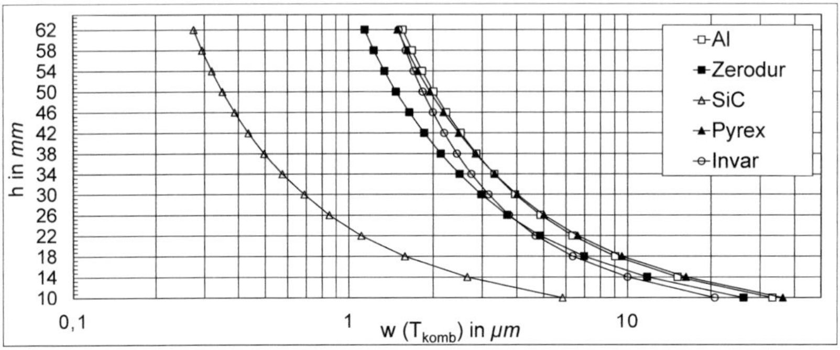

Abbildung 4.14: Verlagerung von T_{komb} bei Material-und Dickenvariation der Deckplatte ($\varphi_{z-G} = 225°$)

$< 1\,\%$.

Die zusätzliche Masse der Positioniersysteme $m_{Po} = 6{,}6\,\text{kg}$ führt in der Konfiguration nach Abbildung 4.12 außerdem zu einer signifikanten Erhöhung der Verformung des Interferometerträgers der NMM-1 von $\leq 140\,\text{nm}$ im Vergleich zu den Literaturangaben ohne Positioniersysteme von $\leq 40\,\text{nm}$ [Hau+11].

Diese Übersicht berücksichtigt jedoch nicht die durch die wesentlich höheren Massen von Deckplatten aus Materialien hoher Dichte bedingte Verformung des Interferometerträgers der NMM-1. Die Abbildung 4.15 zeigt daher die Masse der Platte in Relation zur Masse der Positioniersysteme über die Verlagerung T_{komb}. In Verbindung mit den in [Hau+11] beschriebenen Steifigkeiten der Teilbereiche des Interferometerträgers ist die Material- und Querschnittsoptimierung der Deckplatte hinsichtlich minimaler Verformungen des Interferometerträgers bei gleichzeitig reduzierten Verlagerungen von t und damit T möglich.

Geometrien verringerter dynamischer Verformungen aufgrund des Eintrages von Schwingungen durch die Positioniersysteme

Neben den statischen Verformungen führen die Positionierbewegungen der rotatorischen Positioniersysteme zu dynamischen Deformationen der bewegten Komponente und der als gestellfest angenommenen Anschlussgeometrie

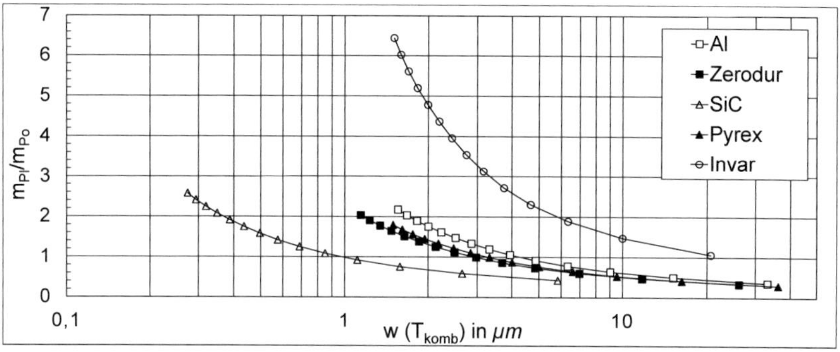

Abbildung 4.15: Verlagerung von T_{komb} in Relation zum Verhältnis der Platten- zur Positioniersystemmasse (m_{Pl}/m_{Po}) bei Material-und Dickenvariation der Deckplatte ($\varphi_{z-G} = 225°, m_{Po} = 6{,}6\,\mathrm{kg}$)

(Basis bzw. Stator des Positioniersystems). Dem Impulserhaltungssatz folgend sollte die Masse der Basis gegenüber der bewegten Masse des Positioniersystems groß sein, um eine Minimierung der Verformung sowie der Bewegung der Basis zu erreichen [Hau+11]. Die durch die Positioniersysteme auf den metrologischen Rahmen und damit den Interferometerträger übertragenen Kräfte und Momente sind zur Vermeidung von Deformationen und Messabweichungen zu reduzieren [Hau+11]. Wie unter Vereinfachung des Systems als gedämpfter Feder-Masseschwinger (gFM) ersichtlich, verringert eine Erhöhung der Masse m die erste, ungedämpfte Eigenkreisfrequenz des Systems ω_0, während eine gesteigerte (Feder-)steifigkeit k diese erhöht:

$$\omega_0 = \sqrt{\frac{k}{m}} \tag{4.8}$$

Mit der vereinfachten Beschreibung über die Differentialgleichung eines linearen gedämpften Oszillators in der Form:

$$\ddot{x} + 2D\omega_0\dot{x} + \omega_0^2 x = 0 \tag{4.9}$$

und unter Einbezug der Lehrschen Dämpfung D mit enthaltener Dämpfungskonstante d und positiven Abkürzung der Abklingkonstante δ von Schwingungssystemen mit einem Freiheitsgrad:

$$D = \frac{d}{2\sqrt{km}} = \frac{d\omega_0}{2k} = \frac{d}{2m\omega_0} = \frac{\delta}{\omega_0} \tag{4.10}$$

lässt sich verallgemeinern, dass die Zeitdauer des Abklingens der eingebrachten Schwingungen des Systems auf eine zuvor als akzeptabel definierte Amplitude als gFM mit erhöhter Masse und Steifigkeit größer ist. Gleichzeitig ist eine erhöhte Steifigkeit und Masse mit einer verringerten Ausgangsamplitude der angeregten Schwingung durch eine Vergrößerung der Dämpfungskonstanten d verbunden. Für den konkreten Anwendungsfall sollte die Wichtung dieser Einzelgrößen geprüft und die Integration schwingungsdämpfender Zwischenelemente als Alternative zu einer Geometrie- und Masseoptimierung der einzelnen Strukturelemente in Betracht gezogen werden [DF14; DHR11; Gro+07; Jan17].

Eine derartige Entkopplung des Stators der rotatorischen Positioniersysteme von der jeweiligen Basis über ein Feder-Dämpfer-System ist mit einer dynamikabhängigen Relativbewegung [Hau+11] und geringerer Wiederholbarkeit der TCP-Position durch Kriecheffekte bzw. fehlende Endlagendefinition verbunden. Aufgrund der erschwerten Positionsregelung durch mögliche dynamikabhängige Relativbewegungen zwischen den Statoren der translatorischen Positioniersysteme und dem metrologischen Rahmen werden bspw. in der NMM-1 beide Systeme mit einer nicht überbestimmten, starren Verbindung gekoppelt [Hau+11]. Eine Alternative zu der Entkopplung des Stators ist die Anpassung der Geometrie und des Materials der Basis an das die Schwingungen induzierende Positioniersystem.

Zur Vermeidung der Schwingungsanregung wird die Gestalt von Strukturen, die als Gerätebasis dienen, u. a. hinsichtlich ihrer Resonanzfrequenzen festgelegt, welche größer sind, als die typischerweise eingebrachten Schwingungen [NSL14]. Für motorisiertes Equipment im Umfeld der Feinwerktechnik, wie den Drehtisch L-611 und das Goniometer WT-90, liegen diese eingebrachten Schwingungen im Bereich von 10 – 450 Hz [NSL14; Phy18]. Im Vergleich hierzu sind in Abbildung 4.16 die ersten vier Eigenschwingungsformen mit der zugehörigen Frequenz als Ergebnis einer Modalanalyse des FEM-Ausgangsmodells aus Abbildung 4.12 dargestellt.

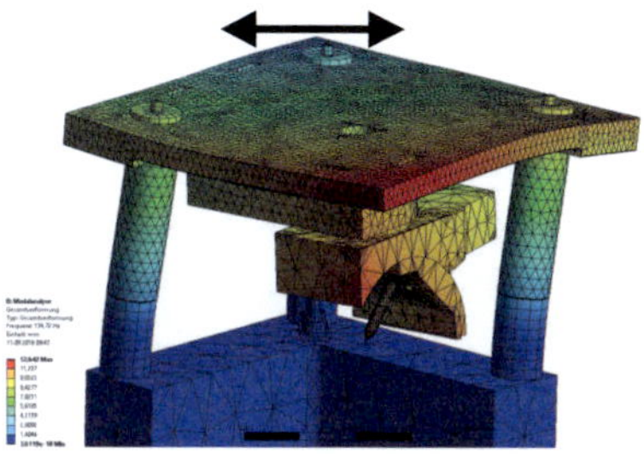

(a) 1. Eigenform, 134,72 Hz

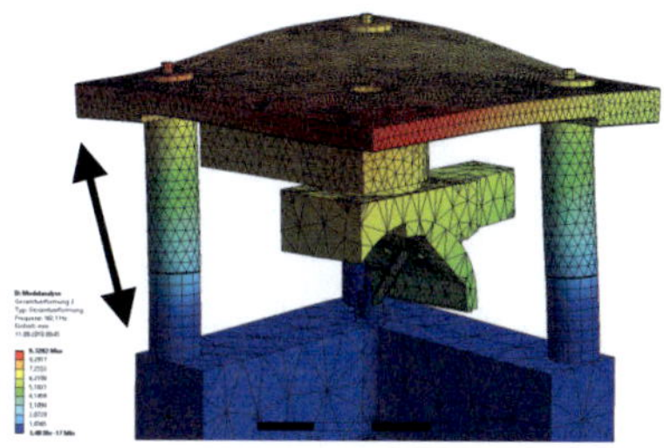

(b) 2. Eigenform, 162,1 Hz

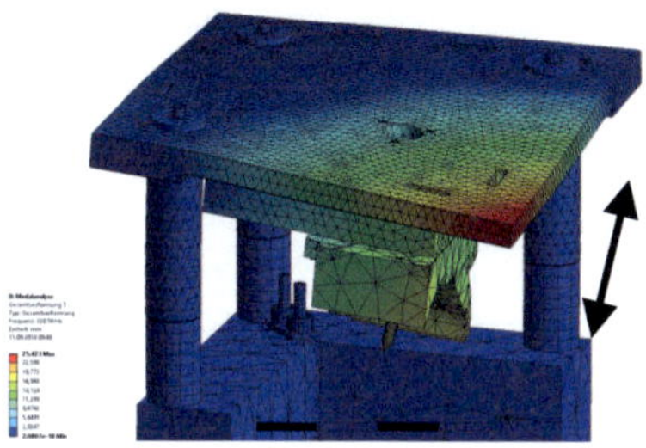

(c) 3. Eigenform, 220,56 Hz

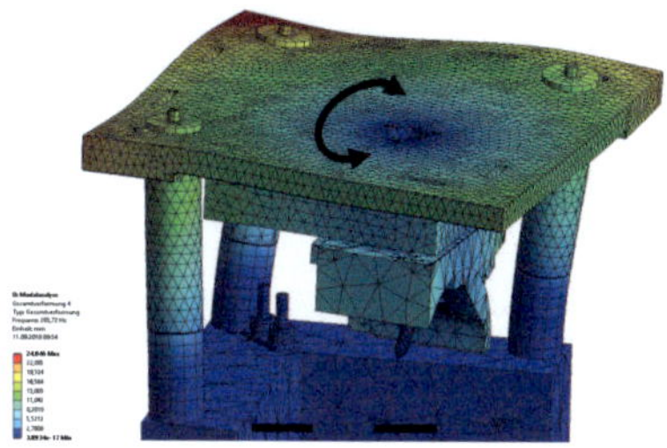

(d) 4. Eigenform, 283,72 Hz

Abbildung 4.16: Eigenschwingungsformen < 450 Hz der NMM-1 mit Drehtisch L-611 und Goniometer WT-90

Die fünfte und sechste Eigenform liegen mit 459,62 Hz bzw. 601,05 Hz bereits außerhalb der Anregungsfrequenzen der rotatorischen Positioniersysteme. Die Deformationen der ersten fünf Eigenformen sind hauptsächlich für den Bereich der Säulen, der Deckplatte und der rotatorischen Positioniersysteme mit größten Verformungen der Deckplatte zu beobachten. Dieser Bereich kann durch eine iterative Optimierung hinsichtlich höherer Eigenfrequenzen durch eine manuelle Gestaltanpassung oder durch Algorithmen im Rahmen einer Topologieoptimierung innerhalb einer FEM-Simulation erfolgen. Unter der Vorgabe von Randbedingungen, wie Kräften und Materialparametern, werden für die vorgegebenen Volumina v_{to} unter reduzierten subjektiven Einflüssen des Bearbeiters iterativ Gestaltvorschläge mit minimierter Masse, maximierter erster Eigenfrequenz ω_{0-max} oder Biegesteifigkeit w_{max} berechnet. Die Simulationsergebnisse bilden, nach einer Anpassung hinsichtlich Fertigungseignung, die Grundlage zielgerichteter Gestaltvariation. In Abbildung 4.17 sind auszugsweise für den Bauraum oberhalb des Interferometerträgers Varianten für eine Deckplatte und den Säulenbereich für das Ausgangsmodell in Abbildung 4.12 mit halbierten Massen dargestellt (Details zum Modellaufbau vgl. Anhang A.7).

Die resultierenden Eigenschaften der berechneten Varianten, wie die durch statische Verformungen bedingten TCP-Verlagerungen oder die Reduzierung der nach Schwingungsanregung maximalen Amplituden des TCP, sind nach der Geometrieübertragung erneut zu prüfen (vgl. Anhang A.7). Wie die Analyse einzelner Varianten in der NMM-1 zeigt (vgl. Tabelle 4.16), erhöht die alleinige Geometrieanpassung der Deckplatte insbesondere die Eigenfrequenzen ab der dritten Eigenform, da deren Verformungen maßgeblich durch die Deckplatte beeinflusst werden. Eine weitere Erhöhung der Eigenfrequenzen sollte die Anpassung der Säulengeometrie (vgl. Anhang A.7) einschließen und ist in diesem Fall mit $(f_{e1}, ..., f_{e5})_{NMM-1} = 177\,\mathrm{Hz}, 310\,\mathrm{Hz}, 421\,\mathrm{Hz}, 613\,\mathrm{Hz}, 836\,\mathrm{Hz}$

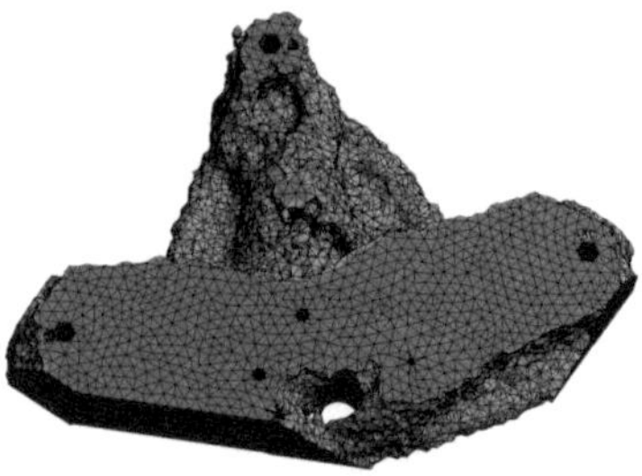

(a) $\omega_{0-max}(v_{to} = Pl, m = 50\%)$

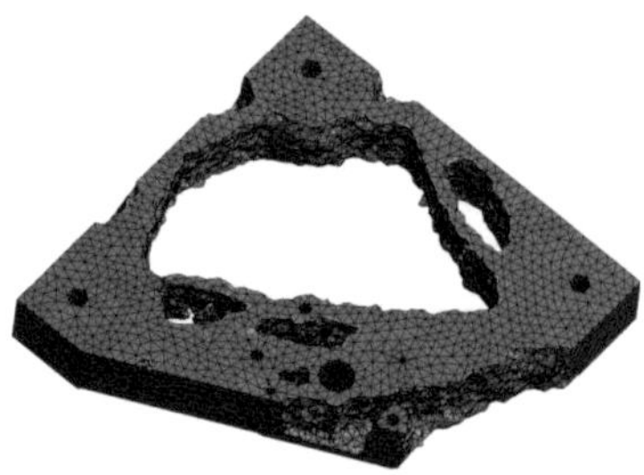

(b) $\omega_{min}(v_{to} = Pl, m = 50\%)$

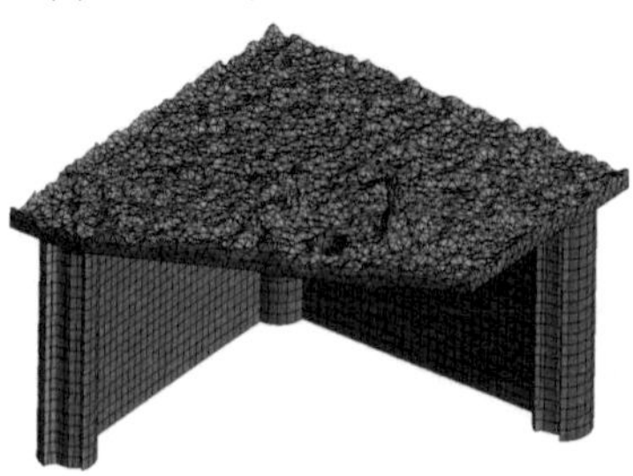

(c) $\omega_{0-max}(v_{to} = Pl + Sä, m = 50\%)$

(d) $\omega_{min}(v_{to} = Pl + Sä, m = 50\%)$

Abbildung 4.17: Topologieoptimierung von Deckplatte und Säulenstruktur verbunden. Wie die harmonische Analyse der FEM-Simulation zeigt, lässt sich durch eine Anpassung der Deckplattengeometrie von V0 auf V4b die maximale Amplitude auf $\leq$ 77,8 % und unter Einbezug der Anpassung der Säulengeometrie auf $\leq$ 37,5 % reduzieren (vgl. Abbildung A.5).

Tabelle 4.16: Analyse topologieoptimierter Deckplatten (f_{e-PL}; $f_{e-NMM-1}$= Eigenfrequenzen der Deckplatte bzw. der NMM-1)

Eigenschaften	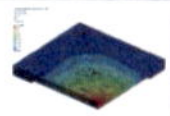	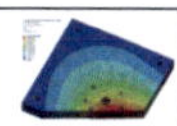	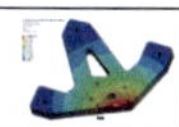	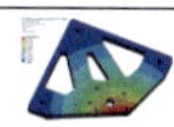	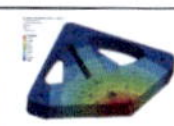	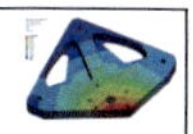
Variante	V0	V1a	V2a	V3a	V4a	V4b
Material	EN AW 7075					
h in mm	22	48	48	48	48	58
m_{Pl} in kg	7,838	9,878	6,604	7,272	6,810	8,192
$\omega(T_{komb})$ in μm	6,127	2,098	2,207	2,202	2,186	1,685
f_{e1-Pl} in Hz	282,01	714,01	646,56	648,85	655,34	782,22
f_{e2-Pl} in Hz	694,26	2171,9	1832,9	1887,1	1910,3	1953,3
$f_{e1-NMM-1}$ in Hz	134,7	-	-	-	-	167,8
$f_{e2-NMM-1}$ in Hz	162,1	-	-	-	-	185,1
$f_{e3-NMM-1}$ in Hz	220,6	-	-	-	-	347,64
$f_{e4-NMM-1}$ in Hz	283,7	-	-	-	-	410,31

5 Experimentelle Untersuchungen

5.1 Untersuchung der Positionierwiederholbarkeit

Wie in Kapitel 4.4.1 beschrieben schneiden sich für vorteilhafte Getriebegesamtstrukturen die beiden unabhängigen Hauptdrehachsen im TCP. Die TCP-Verlagerungen während der Rotationen des Tools resultieren aus Verformungen der Koppelelemente (vgl. Kapitel 4.4.3) und der Bahnabweichungen der Lager bzw. Segmentlager.

Wie im Rahmen der Auswahl geeigneter rotatorischer Positioniersysteme beschrieben, ist eine hohe Positionierwiederholbarkeit und damit Reproduzierbarkeit, der für die Korrektur des TCP-Versatzes hinterlegten Bahnabweichungen (vgl. Kapitel 4.4.1), ein entscheidendes Kriterium. Aufgrund fehlender Herstellerangaben zu Positionierwiederholbarkeiten sind nachfolgend Untersuchungen der kombinierten Positioniersysteme Drehtisch L-611 und Goniometer WT-90 innerhalb der NMM-1 beschrieben. Die Messreihen werden zudem als experimentelle Verifizierung des Gesamtaufbaus nach Kapitel 4.4.2 unter höchster Wiederholbarkeit und Langzeitstabilität der Messbedingungen innerhalb der NMM-1 (schwingungsisolierte Klimakammer mit hoher Temperaturstabilität) durchgeführt. Eine direkte Messung der Bewegungen des gemeinsamen Momentanpols der Rotationen und des TCP erlaubt zudem Aussagen über den Einfluss der einzelnen Positioniersysteme auf die TCP-Verlagerungen.

Die TCP-Verlagerungen können mit den in der NMM-1 vorhandenen Laserinterferometern mit einer Messauflösung von 0,02 nm [Hau+11; SIO13] gemessen und aufgrund ihrer Anordnung den jeweiligen kartesischen Koordinatenachsen zugeordnet werden. Hierfür sind die Spiegelecke und die translatorischen Positioniersysteme der NMM-1 zu entfernen und eine, die drei jetzt frei zugänglichen Strahlen der Interferometer reflektierende, Referenz (Retroreflektor) im kombinierten Momentanpol zu integrieren. Hauptanforderung an den potentiellen Retroreflektor ist eine große Winkelakzeptanz während der rotatorischen Bewegungen ($\Delta\varphi_z = 360°$, $\Delta\varphi_{x,y} = \pm\ 45°$) ohne Abschattung der Messstrahlen und signifikanten Einfluss auf das Messergebnis in Abhängigkeit von der jeweiligen Winkellage.

Beispiele für optische Weitwinkelreflektoren, die u. a. in Verbindung mit sogenannten Lasertrackern für KMG- und Roboterkalibrierungen Anwendung finden, sind Winkelspiegel (CCR), Winkelprismen (TBR), Katzenaugenreflektoren (CER) oder Kugelreflektoren (KR) (vgl. Abbildung 5.1) [BH10; Eta20; Her17]. In Abhängigkeit von optischem und mechanischem Aufbau wird der eintreffende Laserstrahl bis zu einem Akzeptanzwinkel β_a (vgl. Abbildung 5.1d) zur mechanischen bzw. optischen Hauptachse des Retroreflektors parallel versetzt reflektiert. Die größten Akzeptanzwinkel sind mit Kugelreflektoren möglich, deren Wert sich durch eine Geometrieanpassung der Kugelaufnahme und den Verzicht auf eine Beschichtung im Bereich der Aufnahme weiter erhöhen lässt [BH10; Fer+18b; Her17].

Für den Einsatz als Retroreflektor für Laserinterferometer sind der Strahlengang durch ein von Luft verschiedenes Medium (u. a. Glas) und die im Vergleich zu Winkelspiegeln verringerten Reflektivitäten R_{ges} bei den Va-

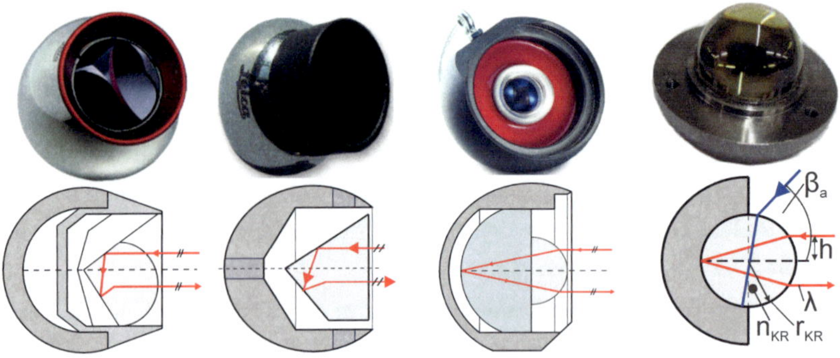

(a) CCR, $\beta_a \leq \pm\,30°$ [BH10] (b) TBR, $\beta_a \leq \pm\,50°$ [BH10] (c) CER, $\beta_a \leq \pm\,60°$ [BH10] (d) KR, $\beta_a \leq \pm\,80°$ [BH10]

Abbildung 5.1: Varianten optischer Weitwinkelretroreflektoren (mit Anpassungen aus [BH10; Her17; Hex20; YF00]) rianten TBR, CER und KR zu berücksichtigen. Wie in [Fer+18b] gezeigt, liegt die von der Beschichtung der reflektierenden Grenzflächen abhängige, berechnete Reflektivität für den vorliegenden Anwendungsfall von Kugelreflektoren bei 8,7 - 14,3 % im Vergleich zu 88,5 % (CCR) bzw. 80 % (CER). Wird die mögliche Parallelverlagerung des Kugelreflektors und damit der Parallelversatz des einfallenden Laserstrahls h (vgl. Abbildung 5.1d) auf $\leq \pm 150\,\mu m$ begrenzt ($\lambda = 650\,nm$, $r_{KR} = 5\,mm$, $n_{KR} = 2$), sind hochauflösende Messungen mit den vorhandenen Laserinterferometern der NMM-1 möglich [Den18; Fer+18b]. Für die Messungen relevante Eigenschaften sind insbesondere [BH10; Fer+18b; YF00] zu entnehmen und werden entsprechend berücksichtigt. Wenngleich die möglichen Gestaltabweichungen des in diesen Quellen beschriebenen Glaskugelreflektors erkennbar zur Messunsicherheit beitragen, ist dieser für eine Untersuchung der Positionierwiederholbarkeiten, wie nachfolgend gezeigt, gut geeignet.

In Abbildung 5.2 ist der Versuchsaufbau mit unbeschichtetem Glaskugelreflektor (Brechungsindex $n_{KR} = 2$) dargestellt. Die Koppelstellen zwischen

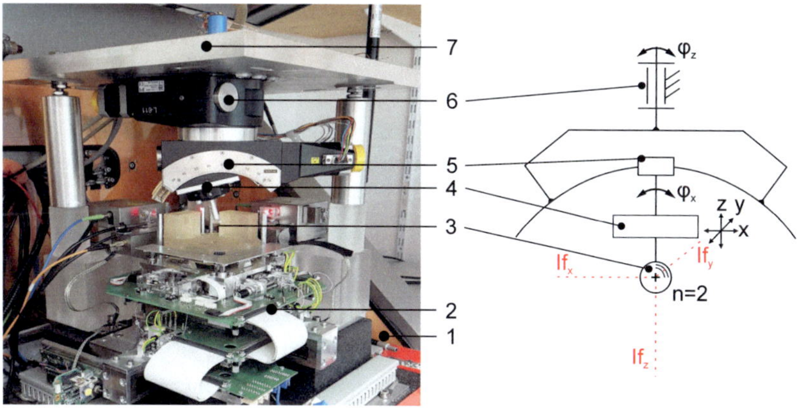

Abbildung 5.2: Versuchsaufbau zur Untersuchung der Positionierwiederholbarkeit: (1) Klimakammer der NMM-1; (2) Spiegelecke mit translatorischen Positioniersystemen (für Messungen entnommen); (3) auf Schaft geklebte $n = 2$ Glaskugel; (4) Feinjustierer (x,y,z)[Tho17]; (5) Goniometer WT-90; (6) Drehtisch L-611; (7) Deckplatte; (If) Interferometer

Goniometer WT-90 und Rotor des Drehtisches L-611 sowie Deckplatte und L-611 enthalten jeweils Verschraubungen und formschlüssige Verbindungen mit Passstiften. Die Deckplatte ist mit den Säulen der NMM-1 starr über eine Einspannung verbunden, kann jedoch für die erste Ausrichtung durch Rücken auf den Säulen gleiten. Mithilfe eines Feinjustierers [Tho17] lässt sich das Kugelzentrum des Glaskugelreflektors (TCP) in den gemeinsamen Momentanpol beider rotatorischer Positioniersysteme und den Kreuzungspunkt der Interferometer stellen. Dies geschieht iterativ unter Einbezug der Rotationen des Drehtisches L-611 und anschließend des Goniometers WT-90 sowie einer Kontrolle der Signalqualität der drei Interferometer ($If_{x,y,z}$).

Für die Gesamtmessreihe der Positionierwiederholbarkeiten erfolgen Langzeitmessungen nach Einstellung eines Temperaturgleichgewichtes mit geschlossener Klimakammer (T_{Kammer} = 22,4 °C, T_{Labor} = 22,0 °C) von zehn Wiederholungen (zehn Messreihen) über zehn Stunden. Dabei werden mit dem Goniometer WT-90 Winkellagen des Kugelschaftes zur Vertikalen (z) von $\varphi_x = \pm 15°$ in Schritten von 5° eingestellt (Goniometerposition 30° – 60°). Zusätzlich rotiert der Drehtisch L-611 mit einer Schrittweite von 30° zwischen seiner $\varphi_z = 0°$ und $\varphi_z = 360°$ Position. Jede der zehn Messreihen enthält somit 91 Messpositionen.[Fer+18a]

Zur Vergleichbarkeit der einzelnen Messreihen sowie Vermeidung von Umkehrspiel und damit einer Verringerung der Positionierwiederholbarkeit, erfolgt die Bewegung zu den Messpositionen stets aus der gleichen Rotationsrichtung. Jede Einzelposition wird zur Reduzierung des Schwingungseinflusses jeweils für 60 s gehalten und die Messwerte der Interferometer über diesen Zeitraum gemittelt.

Die Optimierung hinsichtlich bestmöglicher Signalqualität für den gesamten Rotationsbereich des Drehtisches L-611 führt zu der in Abbildung 5.3a gezeigten Verlagerung der TCP-Position bei unterschiedlichen Goniometerpositionen. Diese Verlagerung resultiert aus dem restlichen Lateralversatz zwischen der L-611- und der WT-90-Achse, bedingt durch das Spiel der formschlüssigen Verbindung beider Positioniersysteme. In Abbildung 5.3b sind die Werte für die driftbereinigten Standardabweichungen der 91 TCP-Positionen (x,y,z) über die zehn Messreihen dargestellt. Es werden insgesamt Standardabweichungen $\leq$ 250 nm sowie im besten Falle Werte der Standardabwei-

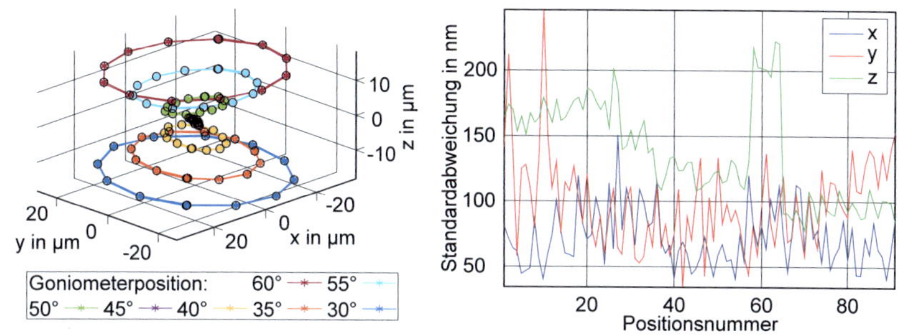

(a) Messergebnisse der 91 TCP-Positionen (x,y,z) über 10 Messreihen bei Winkelvariation von WT-90 und L-611

(b) Standardabweichung der 91 TCP-Positionen (x,y,z) über 10 Messreihen

Abbildung 5.3: Messergebnisse für die TCP-Position eines n = 2 Retroreflektors in der NMM-1 bei unterschiedlicher Winkellage von Drehtisch L-611 und Goniometer WT-90 [Fer+18a]

chung zwischen 50 nm und 100 nm in x- und y-Richtung sowie ≤ 150 nm in z-Richtung und in weitergehenden Versuchsreihen nach Neujustage ≤ 50 nm in z-Richtung erreicht. [Fer+18a; Fer+19]

Die ermittelten Standardabweichungen entsprechen einem Auszug der für einen reduzierten Winkelstellbereich des Goniometers WT-90 unter idealen Bedingungen erreichbaren Werte. Weiterführende Messreihen zu den Positioniereigenschaften unter Einbezug zusätzlicher Messsysteme sowie der Erweiterung des Kugelreflektorprinzips für die Kalibrierung und In-situ-Messung der TCP-Position sind in [Fer20] beschrieben.

Ferner werden im Rahmen der vorliegenden Arbeit Messreihen zur Bestimmung der Taumelbewegungen der rotatorischen Positioniersysteme in Abhängigkeit von ihrer Einbaulage evaluiert und in [Sch+18a] veröffentlicht. Der entsprechende Versuchsaufbau außerhalb der NMM-1 entspricht im Wesentlichen Abbildung 5.2, jedoch mit einem Autokollimationssensor Elcomat 3000 der Möller-Wedel Optical GmbH [MÖL18] als Messsystem in Verbindung mit einem Planspiegel als Referenz im gemeinsamen Momentanpol beider Rotationen. Als Ergebnis liegen die Wiederholbarkeiten der Taumelbewegung für den Drehtisch L-611 bei ≤ 14,420 µrad und für das Goniometer WT-90 bei

$\leq 17{,}952\,\mu rad$ vor.

5.2 Nanofabrikation am Beispiel der Nanoimprintlithographie

Die Ausrichtung eines Nanoimprinttools normal zu einer stark gekrümmten Oberfläche durch die entwickelte Toolrotation der NPMM eröffnet, in Verbindung mit den vorhandenen Positioniergenauigkeiten, neue Anwendungsmöglichkeiten im Bereich der Nanofabrikation.

Die Anwendung der Mikro- und Nanostrukturierung gekrümmter Oberflächen ist insbesondere für die Bereiche der Optik, Photonik, flexiblen Elektronik und Solarzellen von Bedeutung [Far+11; Thi18]. Ein Beispiel hierfür sind computergenerierte, diffraktive Optikelemente (DOEs) auf gekrümmten Oberflächen, mit denen optische Elemente vermessen und ultraviolettspektroskopische Instrumente hergestellt werden können [Xie+02]. Für die Mikro- und Nanostrukturierung gekrümmter Oberflächen sind spezielle Verfahren bekannt, wie Diamantspitzendrehen (vgl. Kapitel 2.4), direktes Laserschreiben (DLW) oder Lithographieprozesse mit flexiblen Fotomasken und elastomeren Stempeln (soft lithography, SL) [Thi18; Xie+02]. Im Vergleich zu den hierfür eingesetzten, quasipunktförmigen Tools ist für Tools mit größerer geometrischer Ausdehnung der Kontaktfläche eine Restriktion des Arbeitsvolumens analog zu den betrachteten Objektrotationen (vgl. Kapitel 4.3.4) zu erwarten. Verfahren mit elastischen Fotomasken oder Stempeln, wie die Nanoimprintlithographie (NIL), erlauben diesbezüglich eine höhere Flexibilität durch die Verformung und damit Anpassung der Maske an die Objektoberfläche. Bei der, im Rahmen der Kooperation mit Forschergruppen der TU Ilmenau untersuchten, NIL werden die Strukturen einer Maske auf einen elastischen Stempel und von diesem anschließend durch mechanisch induzierte Verformungen auf ein Substrat übertragen (geprägt). Die Aushärtung des Mono- oder Polymersubstrates während des Prägevorganges erfolgt unter Zufuhr von Wärme bzw. UV-Licht. Nach der anschließenden Entformung können die Strukturen des Stempels auf ein weiteres Substrat übertragen werden [Gli+07; Thi18]. Für den Prägevorgang auf stark gekrümmten Oberflächen kommen dabei spezielle gasgefüllte Drucksäcke oder der Objektform angepasste Vorformlinge als Stempel zum Einsatz [Cha+05; Che+08]. Da sich die Stempel bei diesen Verfahren der Krümmung der Substrat- bzw. Objektoberfläche anpassen, erfolgt die Formgebung und vornehmlich die Entformung nach der Aushärtephase nicht für alle Kontaktbereiche des Stempels orthogonal zur Oberfläche. Dies begünstigt Deformationen durch Schereffekte, insbesondere von Strukturen mit hohem Aspektverhältnis, während der nicht orthogonalen Entformung [Cui08; Sre17]. Für die gleichmäßige Abformung von Strukturen auf stark gekrümmten Oberflächen durch konformen Kontakt wird ein Nanoimprintstempel in die entwickelte Toolrotation der NMM-1 integriert. Hierfür bestehen konstruktive und prozesstechnische Herausforderungen:

- Anpassung der Substratviskosität auf die Krümmung des zu strukturierenden Objektes (geringe Viskosität bedingt die vollständige Füllung der Stempelkavitäten, aber auch die Möglichkeit einer nicht vollständig oder ungleichmäßig benetzten Objektoberfläche)
- Miniaturisierung des Stempels und damit Anpassung an den zur Verfügung stehenden Bauraum
- Reduktion des nicht orthogonalen Kontaktbereiches zur Vermeidung von Schereffekt bedingten Strukturzerstörungen während der Entformung der Stempelrandbereiche
- Integration einer UV-Lichtquelle, die auf den zu strukturierenden Bereich des Objektes fokussiert ist und idealerweise nicht durch die Komponenten der NPMM oder die rotatorischen Positioniersysteme, unabhängig von deren Winkellage, verdeckt wird

In Abbildung 5.4 ist der im Rahmen der vorliegenden Arbeit entwickelte, experimentelle Aufbau für die Untersuchung der rotierenden NIL innerhalb der NMM-1 dargestellt, der diesen Herausforderungen gerecht wird. Das NIL-Tool besteht aus einer UV-SMD-LED [LUM18] mit einer Wellenlänge von 365 nm und einer Intensität von 148 mW/cm^2, deren Licht durch eine axial stellbare plankonvexe Linse [Tho19] auf einen zentralen Bereich von 20 mm^2 der Stempelspitze fokussiert ist. Der flexible, an seiner Spitze in einem quadratischen Bereich von 25 mm^2 strukturierte Stempel besteht aus

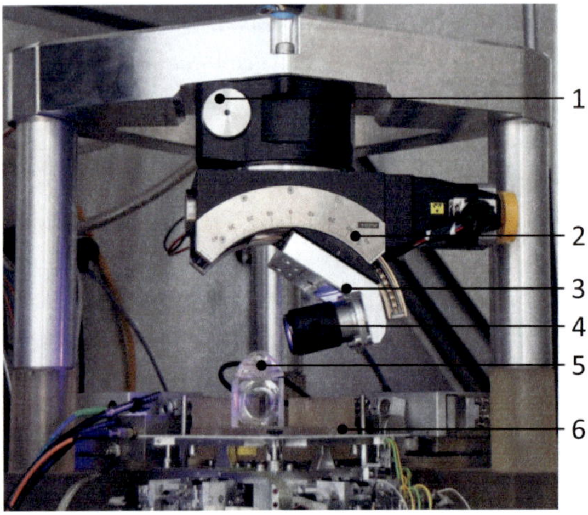

Abbildung 5.4: Rotierende NIL innerhalb der NMM-1: (1) Drehtisch L-611 (φ_z) [Phy17a]; (2) Goniometer WT-90 (φ_x) [Phy17e]; (3) 45°-Adapterplatte; (4) NIL-Tool; (5) Objekt mit Substrat (plankonvexe Linse); (6) Spiegelecke der NMM-1

Polydimethylsiloxane (PDMS) [Dow19], wird separat in einer Fassung an seinem Außendurchmesser (Ø20 mm) aufgenommen und in einem optischen Tubus [Edm19] mittels Feingewinde befestigt. Die Einzelkomponenten des NIL-Tools können über das M29 × 0,75 Feingewinde des Tubus axial verstellt werden, wodurch eine Justage in axialer Richtung der Stempelspitze und des Fokuspunktes auf den gemeinsamen Momentanpol beider Rotationen möglich ist. Die Verbindung der LED mit der Steuerung [LUM19] erfolgt über den Schleifring und eine Kabelführung durch den Drehtisch.

In Abbildung 5.5 sind Teile des entwickelten NIL-Prozesses dargestellt. Das Objekt wird gleichmäßig mit einem unter UV-Licht aushärtenden Substrat (AMONIL MMS4) [AMO19] im Spraycoating-Verfahren beschichtet (Prozessdetails vgl. Anhang A.4) und auf der Spiegelecke der NMM-1 fixiert. Kombinierte Rotationen und Translationen orientieren die Toolhauptachse normal zur Objektoberfläche. Der Kontakt zwischen dem NIL-Tool und der Substratoberfläche des Objektes erfolgt anschließend durch eine translatorische Bewegung der Spiegelecke entlang der Toolhauptachse. Dem ganzflächi-

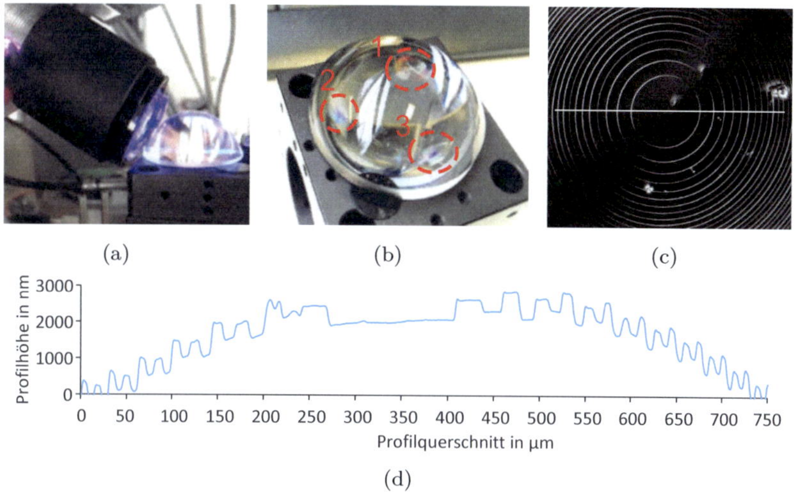

Abbildung 5.5: Rotierende NIL: (a) NIL-Aushärtephase bei 45° Neigung zur Horizontalen (b) Mehrfach strukturiertes Substrat auf plankonvexer Linse (c) Aufnahme der Struktur 3 (45° NIL-Neigung zur Horizontalen) mit 3D-Laserscanning Mikroskop (d) Profil des Strukturquerschnitts der Aufnahme c

gen Kontakt der Stempelstrukturen schließt sich eine Füllzeit der Stempelkavitäten von einer Minute an, gefolgt von einer Belichtungszeit mit UV-Licht von ebenfalls einer Minute. Nach der anschließenden translatorischen Entformung entlang der Toolhauptachse kann der Prozess in Abhängigkeit von der Viskosität des Substrates an anderen Stellen wiederholt werden (vgl. Abbildung 5.5b). Mit den gewählten Beschichtungsparametern (vgl. Anhang A.4) ist dies innerhalb einer Bearbeitungszeit von 15 min möglich.

Die Messungen sind aufgrund der starken Krümmung der Oberfläche mit den zur Verfügung stehenden Systemen nicht vollständig über den gesamten Bereich der Strukturen möglich. Es wird daher das Zentrum der Gesamtstruktur für die nachfolgende Auswertung gewählt. Eine Analyse der generierten Strukturen mittels 3D-Laserscanning Mikroskop (LSM, Olympus LEXT OLS4100) [OLY19] zeigt eine Substratabdeckung über den gesamten Bereich der messbaren Stempelfläche mit vergleichsweise geringfügigen

Verschmutzungen der Oberfläche, welche sich durch den Transport des Objektes durch nicht vollständig staubfreie Umgebungen erklären lassen (vgl. Abbildung 5.5c). In Abbildung 5.5d ist die zugehörige Profilaufnahme eines optischen Profilometers (Wyko NT9100) [Vee19] für den Zentralbereich als Scan über die horizontale Linie durch den Mittelpunkt dargestellt.

Ein Vergleich des Zentralbereiches dieser replizierten Struktur mit dem Original des Stempels zeigt eine gute Wiedergabetreue (vgl. Abbildung 5.6). Der gemessene Unterschied in den Strukturhöhen zwischen Stempel und replizierter Struktur liegt für die im Diagramm markierten Stufen bei 25 nm bzw. 33 nm.

Mit dem entwickelten rotierenden NIL-Tool können Objekte mit einer starken Krümmung der Oberfläche in Abhängigkeit der Substrateignung normal zur Oberfläche strukturiert werden. Dabei ist eine Replizierung der Strukturen aufgrund der Oberflächenkrümmung nicht in einem einzigen Druckvor-

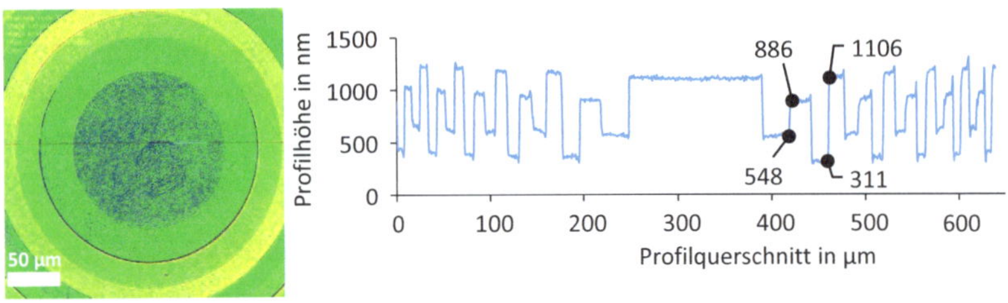

(a)

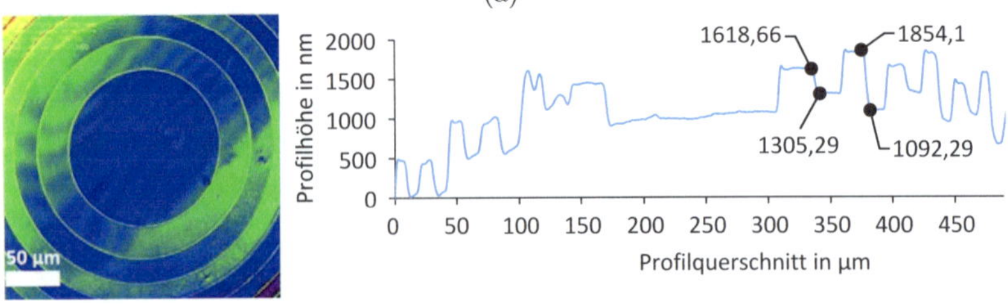

(b)

Abbildung 5.6: Aufnahme der Struktur 3 mit 3D-Laserscanning Mikroskop und zugehöriges Profil des Strukturquerschnitts: (a) Originalstruktur des PDMS-Stempels (b) unter 45° Neigung zur Horizontalen des rotierenden NIL-Tools replizierte Struktur gang möglich. Vielmehr erfolgt die Strukturierung der gesamten Objektoberfläche durch wiederholte Druckvorgänge mit einer schrittweisen Neuausrichtung des NIL-Tools normal zur Oberfläche. Sofern eine kontinuierliche Strukturierung erreicht werden soll, sind die Teilstrukturen zu einer Gesamtstruktur zu verknüpfen (Stitching). Für das nanometergenaue Stitching über die gesamte Oberfläche des stark gekrümmten Substrats ist eine Positionierung mit entsprechender Positioniergenauigkeit des Stempels relativ zum Substrat notwendig.

6 Fazit zu Fünfachs-Nanopositionier- und Nanomessmaschinen

Die Erweiterung kartesischer NPMM um zwei zusätzliche rotatorische Positioniersysteme versprechen für Grundstrukturen mit translatorischen Bewegungen des Objektes in Verbindung mit Rotationen des Tools ein hohes Potential bezüglich minimierter Einschränkungen der Grundfunktionalitäten, wie Objektadressierbarkeiten und Positionierunsicherheiten des fünfachsigen Gesamtsystems. Insbesondere Kinematikvarianten der Toolrotationen mit einem gemeinsamen Momentanpol im TCP und Abbepunkt der NPMM, wie die Kombination von zwei Drehtischen oder einem Drehtisch mit einem Goniometer, zeigen einen hohen Erfüllungsgrad der definierten Anforderungen. Die Untersuchung der rotatorischen Positionierwiederholbarkeiten am Beispiel der Variante des kombinierten Drehtisches und Goniometers ergeben translatorische TCP-Verlagerungen, bereinigt von Drift und unter optimalen Bedingungen innerhalb der NMM-1, mit einer Standardabweichung von $\leq 250\,\text{nm}$ bzw. für einzelne Positionen von 100 nm in x- und y-Richtung sowie 50 nm in z-Richtung. Wie am Beispiel der integrierten UV-Nanoimprint Lithographie gezeigt, eröffnet die entwickelte Toolrotation der NPMM neue Anwendungsmöglichkeiten im Bereich der Mikro- und Nanofabrikation durch die Ausrichtung des Tools normal zu einer stark gekrümmten Oberfläche. Für eine kontinuierliche Nanofabrikation des gesamten Objektes normal zu dessen Oberfläche ist eine rotatorische Positionierung mit entsprechender Positioniergenauigkeit erforderlich. In Verbindung mit einer Erreichbarkeit der Positionier- und Messunsicherheit des Fünfachssystems auf dem Niveau bestehender NPMM sind rotatorische Positioniersysteme mit signifikant höheren Wiederholbarkeiten der Bahnabweichungen in Form von Radial-, Axial- und Taumelbewegungen in Betracht zu ziehen. Alternativ und in Erweiterung hierzu können, dem Prinzip kartesischer NPMM folgend, mit einer In-situ-Messung der Position des Endeffektors des Positioniersystems kleinste Positionier- und Messunsicherheiten im Nanometerbereich erzielt werden.

7 Rotatorische Positioniersysteme im metrologischen Kreis

Für die Untersuchung der Integration von Messsystemen für die Positionierabweichungen rotatorischer Positioniersysteme wird in diesem Kapitel ein neuartiges Konzept der In-situ-Messung der Position eines Endeffektors systematisch erarbeitet. Hierdurch werden die rotatorischen Positioniersysteme in den metrologischen Kreis einbezogen, was die Minimierung der Gesamtmessunsicherheiten ermöglicht. Ausgangspunkt der Entwicklung sind die in Kapitel 4 erarbeiteten Grundlagen der Variation der NPMM-Gesamtstruktur mit zusätzlichen rotatorischen Positioniersystemen und zuzuordnenden Messsystemen (Kapitel 4.1.1 und 4.1.2). Es wird eine Gesamtstruktur zur In-situ-Messung der TCP-Position während einer rotatorischen Positionierung zur Reduzierung der Messunsicherheiten einer fünfachsigen NPMM entwickelt. Diese Entwicklung erfolgt am Beispiel der seriellen Kombination eines Drehtisches L-611 mit einem Goniometer WT-90 für die Rotation eines Tools innerhalb der NMM-1 (vgl. Abbildung 5.2).

7.1 Konzeption der Gesamtstruktur

Die Evaluierung einer idealen Funktionsstruktur für den Aufbau einer fünfachsigen NPMM mit In-situ-Messung der Positionierabweichungen rotatorischer Positioniersysteme ist aufgrund der Vielzahl unterschiedlicher Lösungsvarianten ohne die Einbeziehung eingrenzender Randbedingungen nur sehr schwer möglich. Für die Funktionsstruktur einer NPMM mit translatorisch bewegtem Objekt und rotatorisch bewegtem Tool werden die Funktionsstrukturen mit zusätzlichen Messsystemen für rotatorische Positioniersysteme (vgl. Kapitel 4.1.2) mit ähnlichem Eigenschaftsprofil zusammengefasst. Vor dem Hintergrund der in Tabelle 4.2 aufgeführten ordnenden Gesichtspunkte in Verbindung mit den zu unterscheidenden Merkmalen hat insbesondere die Differenzierung hinsichtlich der Bewegung des Substrukturelementes (Messsystem oder Referenz) grundlegenden Einfluss auf die nötige Gestalt dieser Elemente und ihrer Koppelelemente. Die Tabelle 7.1 zeigt eine Auswahl entsprechender Funktionsstrukturgruppen auf der Basis einer bestehenden NPMM mit Objekttranslationen. Die Gruppierung erfolgt hinsichtlich des bewegten Substrukturelementes am Beispiel der Messung der Positionierabweichungen am Endeffektor (Koppelstelle des Tools).

Ferner ist der ordnende Gesichtspunkt der Kombination der Messsysteme in Verbindung mit der Anzahl gemessener Translationen und Rotationen für die Komplexität der Messsysteme und zugeordneten Referenzen sowie des Gesamtaufbaus entscheidend. Idealerweise wird die Position des Endeffektors hinsichtlich aller sechs Freiheiten erfasst. Die Positionierabweichungen können für jedes rotatorische Positioniersystem unabhängig gemessen und zu einer Gesamtabweichung kombiniert werden. Wie aus dem Stand der Technik bekannt und am Beispiel der LuphoScan 260-420 HD [AME19a] Plattform oder der NANOMEFOS [Hen09] deutlich wird, verringert dies insbesondere die Komplexität der Referenz des zugehörigen Messsystems für die einzelne Rotation z. B. in Form einer Zylinderfläche. Für einzelne und an unterschiedliche Endeffektoren (Objekt oder Tool) verteilte Rotationen ist dies praktikabel, erhöht jedoch die Anzahl an Messsystemen, wenn die Abweichungen jeder Einzelpositionierung für bis zu sechs Freiheiten erfasst werden sollen. Die Gesamtmessunsicherheit der Position des Endeffektors kann aus den Teilergebnissen der einzelnen Positioniersysteme kombiniert werden.

Wie aus dem Aufbau von kartesischen NPMM bekannt, erfolgt die Positionserfassung des Endeffektors zur Reduzierung der Anzahl nötiger Messsysteme und somit der Gesamtmessunsicherheit häufig direkt an der Koppelstelle des Endeffektors (z. B. Spiegelecke/ Objektträger der NMM-1 bzw. NPMM-200) [Hau+11]. Die Messstrahlen der vorhandenen Laserinterferometer werden am Objektträger reflektiert, schneiden sich jedoch virtuell in einem Punkt, der mit dem TCP übereinstimmt und in Verbindung mit der idealisiert fehlenden Relativbewegung zwischen TCP und Messsystemen als Nullpunktindikator Anwendung findet.

Tabelle 7.1: SSM mit zusätzlichen Rotationen des Tools sowie daran gekoppelter Referenz / gekoppeltem Messsystem mit: 1 Gerätebasis, 2 metrologischer Rahmen, 3 translatorisches Positioniersystem, 4 Referenz des Messsystems, 5 Objekt, 6 Tool, 7 Messsystem, 8 rotatorisches Positioniersystem, a,b separate Systeme für unterschiedliche Messgrößen –– =positionierter Endeffektor

Funktionsstrukturgruppe		**Merkmale**
1	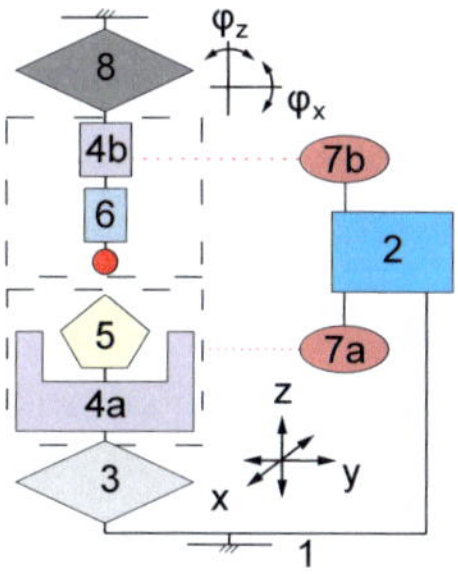 **Rotationen der Referenz**	• Einhaltung des Abbe-Komparatorprinzips erschwert, wenn Referenz (4b) in Abbepunkt=Momentanpol und der TCP nicht (dafür reduzierte Translationen der Referenz) • Nachführung des Messstrahls zum Ausgleich der Translationen von Referenz (4b), wenn diese quasipunktförmig (kleinvolumiger Retroreflektor) und nicht im Momentanpol der Rotationen • Zu berücksichtigende Kollisionen mit bestehenden Strukturelementen und eine hohe bewegte Masse der für große Winkelbereiche nötigen großvolumigen Referenz (4b) (wenn Messstrahl nicht nachgeführt) • Mögliche Abschattung des Messstrahls von 7b durch φ_x-Positioniersystem während der Rotation um φ_z sowie Abschattung von 7a durch großvolumige Referenz ist zu berücksichtigen • Keine zu bewegende Energie- und Informationsübertragung für passive Referenz
2	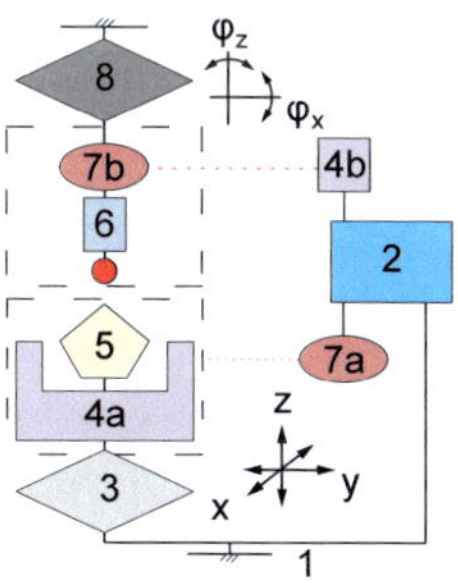 **Rotationen des Messsystems**	• Einhaltung des Abbe-Komparatorprinzips erschwert, wenn Messsystem (7b) in Abbepunkt=Momentanpol und der TCP nicht (dafür reduzierter translatorischer Versatz des Messsystems) • Nachführung des Messstrahls zum Ausgleich des translatorischen Versatzes von Messsystem (7b), wenn Messsystem und virtuelle Verlängerung des Messstrahls nicht im Momentanpol der Rotationen bzw. quasipunktförm. Referenz an metrol. Rahmen • Großvolumige, komplexe Referenz (4b) für große Winkelbereiche erschwert ggf. Zugang / Objekthandling von außen (wenn keine quasipunktförmige Referenz + Messstrahlnachführung) • Für die Anordnung des Messsystems zu berücksichtigende mögliche Abschattung des Messstrahls von 7b durch φ_x-Positioniersystem während seiner Rotation sowie zu berücksichtigende Abschattung von 7a durch die Gestalt einer großvolumigen Referenz • Zu bewegende Energie- und Informationsübertragung für aktives Messsystem • Kompakte, hochauflösende Messsysteme (7b) bei möglichen Bauraumrestriktionen erforderlich

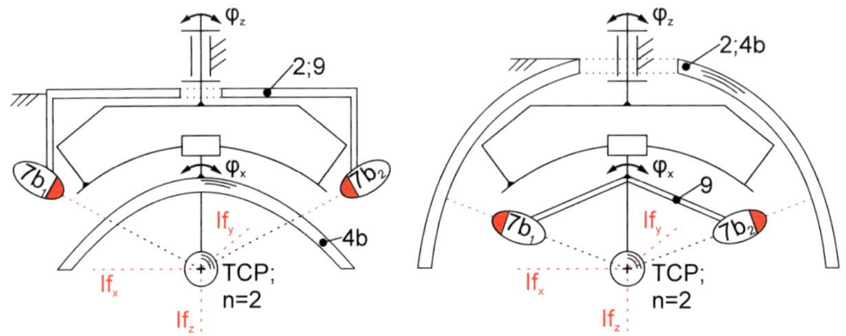

(a) TM1: Rotationen der Referenz am Tool

(b) TM2: Rotationen der Messsysteme am Tool

Abbildung 7.1: Einbezug rotatorischer Positioniersysteme in den metrologischen Kreis nach Tabelle 7.1: (2) metrologischer Rahmen; (4b) Referenz; ($7b_1$, $7b_2$) Messsysteme für rotatorische Abweichungen; (9) Messsystemträger; ($If_{x,y,z}$) Interferometermessstrahlen der NPMM; (..) Messstrahlen; (..) virtuelle Messstrahlverlängerung

Diesem Ansatz folgend sind in Abbildung 7.1 Varianten mit einer an das Tool gekoppelten Referenz (TM1) oder gekoppeltem Messsystem (TM2) dargestellt, die auf den Funktionsstrukturgruppen aus Tabelle 7.1 basieren. Die in Form einer Halbsphäre dargestellte großvolumige Referenz ermöglicht eine Anbindung an den metrologischen Rahmen bzw. den Toolhalter ohne Nachführbewegungen der Messsysteme und virtuelle Ausrichtung ihrer Messstrahlen auf den TCP. Eine dauerhaft virtuelle Ausrichtung der Messstrahlen auf den TCP setzt Materialien und Geometrien der Referenz (4b) sowie des Messsystemträgers (9) mit minimierten mechanisch und thermisch induzierten Verformungen voraus.

Dies ermöglicht, in Verbindung mit den sich im TCP kreuzenden Interferometerstrahlen der NPMM, die Einbeziehung der rotatorischen Positioniersysteme in den metrologischen Kreis über eine In-situ-Messung der Verlagerungen des TCP während seiner Rotationen. Die Positioniersysteme können hierdurch, wie in Tabelle 7.1 dargestellt, über einen separaten Kraftrahmen mit dem Gestell verbunden werden, was die in den metrologischen Rahmen mechanisch induzierten Verformungen reduziert. Die In-situ-Messung der TCP-Verlagerungen ermöglicht die Berücksichtigung der Verformungen des Kraftrahmens. Wird das Tool durch einen Retroreflektor, wie eine Glaskugel ($n = 2$), im TCP ersetzt, ist nach Entfernung der Spiegelecke der NPMM das in Kapitel 5.1 zur Untersuchung der Positionierwiederholbarkeit beschriebene Verfahren und damit eine Positionsmessung mit den Laserinterferometern der NPMM möglich. Dies erlaubt eine Kalibrierung der Oberfläche der Referenzhalbsphäre innerhalb der NPMM und hierdurch die Berücksichtigung der Formabweichungen der Referenzhalbsphäre (4b) bzw. des Messsystemträgers (9).

Für beide Varianten TM1 und TM2 nach Abbildung 7.1 ist eine mögliche Abschattung der NPMM-Laserinterferometer für die Gestaltgebung der Referenzhalbsphäre bzw. des Messsystemträgers und damit der Messsystemanordnung ($7b_{1,2}$) zu berücksichtigen. Bei der Variante TM2 ist dies, dem Beispiel der Toolanordnung in Kapitel 4.4.2 folgend, durch eine asymmetrische Anordnung der einzelnen Messsysteme mit einem konstruktiven Versatz entlang der Hauptdrehachse des Goniometers mit vergleichsweise geringem konstruktiven Aufwand möglich.

Für beide Varianten TM1 und TM2 sind für die Erfassung translatorischer Verlagerungen des TCP durch die Messsysteme für den vorliegenden Anwendungsfall spezielle Anforderungen zu erfüllen:

- Möglichst hohe Messauflösung und idealerweise Messunsicherheit im Nanometerbereich
- Messung auf einer stark gekrümmten Oberfläche (Referenzhalbsphäre)
- Kompakte Ausführung des bewegten Sensorkopfes für TM2
- Eignung für bewegte Energie- und Informationsübertragung für TM2

In Tabelle 7.2 sind potentiell geeignete Prinzipe von Messsystemen mit Messauflösungen $\leq 10\,\text{nm}$ aufgeführt. Die Auswahl eines geeigneten Messsystems ist in Verbindung mit der Gestaltdefinition der Referenzhalbsphäre und damit ihrem Material bzw. ihrer Oberfläche durchzuführen.

Tabelle 7.2: Messsystemprinzipe für die Positionsbestimmung mit Messauflösungen $\leq$ 10 nm bzw. Reproduzierbarkeiten $\leq$ 50 nm (nach [Wil00] erweitert um [Att19b; Mic18; Phy19b; Ren18; SIO18; Sma19])

Funktionsprinzip		**typ. Auflösung**	**typ. Messbereich**	**Bemerkungen/ Beispiele**
Kapazitiv		0,1 nm	$\leq$ 300 µm	(CS005; CS02) [Mic17b]; (D-015.00; D-510.021)[Phy19b]
Induktiv		einige nm	einige 100 µm	„LVDT“nach [Wil00]
Konfokal-chromatisch		$\leq$ 10 nm	< 50 mm	(IFS2405-0,3; IFS2407-0,1)[Mic17a]
Fabry-Pérot-Interferometer		0,1 nm	< 5 mm	IDS3010-Reihe [Att19b]
Michelson-Interferometer	Tripel-Reflektor	1 nm	einige m	nach [Wil00]; SP 5000 NG [SIO18]
	Plan-Spiegel	0,3 nm	$\leq$ 1 m	nach [Wil00]; SP 5000 NG [SIO18]
	Faser	0,3 nm	< 500 µm	nach [Wil00]; PICOSCALE-Reihe [Sma19]
Röntgen-Interferometer		< 0,1 nm	< 10 µm	nach [Wil00]

7.2 Detaillierung der mechanischen und optischen Gesamtstruktur

Der Einbezug rotatorischer Positioniersysteme in den metrologischen Kreis wird nachfolgend am Beispiel der gemeinsamen Rotationen der mit dem Tool fest verbundenen Messsysteme relativ zu einer am metrologischen Rahmen befestigten Referenz beschrieben (Variante TM2, vgl. Abbildung 7.1).

Für die Detaillierung der mechanischen und optischen Gesamtstruktur im Umfeld der NMM-1 und unter Einbezug der rotatorischen Positioniersysteme Drehtisch L-611 und Goniometer WT-90 sind für dieses Prinzip die geringsten bewegten Massen und Einschränkungen des durch den TCP adressierbaren Arbeitsvolumens ohne Kollisionen mit Substrukturelementen der NMM-1 zu erwarten (wie in Kapitel 7.1 beschrieben).

Die Messung der TCP-Verlagerungen erfolgt mit kommerziell erhältlichen fasergekoppelten Fabry-Pérot-Interferometern des Typs IDS3010, mit denen berührungslos optische Positionsmessungen auf stark gekrümmten Oberflächen mit einer Auflösung von 0,001 nm und einer Wiederholbarkeit von bis zu 2 nm ermöglicht werden. Die ausgewählten Interferometer erfüllen die gestellten Anforderungen hinsichtlich des zur Verfügung stehenden Bauraumes, der Eignung für Messungen auf unterschiedlichen Materialien mit stark gekrümmten Oberflächen sowie der Messauflösung und -wiederholbarkeit. In Abhängigkeit des verwendeten Sensorkopfes sind mit dem IDS3010 Messungen auf für die Interferometerwellenlänge $\lambda_{fa} = 1530\,\text{nm}$ stark reflektierenden Spiegelflächen oder schwach reflektierenden Flächen, wie unbeschichtetem Glas, mit einer Winkelakzeptanz der reflektierenden Fläche von bis zu $\pm 2^\circ$ möglich.[Att18; TL18] Untersuchungen von Proben unbeschichteter Quarzglashohlspiegel mit einer Brennweite $f_{SP} = 101{,}6\,\text{mm}$ und einem Krümmungsradius von $r_{SP} = 203{,}4\,\text{mm}$ innerhalb der NMM-1 bestätigen die prinzipielle Eignung der Interferometer für die Messung auf stark gekrümmten Referenzflächen geringer Reflektivität. Die Proben werden hierfür auf der Spiegelecke in x-, y- und z-Richtung der NMM-1 bewegt und die Kennlinie des als Tastsystem integrierten Fabry-Pérot-Interferometers aufgenommen. Die Differenz der Messwerte zu dem z-Interferometer der NMM-1 ergibt für einen Bewegungsbereich von $\Delta z_{fa} = 100\,\mu\text{m}$ eine periodische Nichtlinearität von $\pm 10\,\text{nm}$. Ferner zeigen die Einzelmesspunkte Positionierwiederholbarkeiten von $\leq 1{,}6\,\text{nm}$ bei einer möglichen Parallelverschiebung der Interferometermessachse der Fabry-Pérot-Interferometer durch Translationen der Probe in der xy-Ebene von $1\,\text{mm} \times 1\,\text{mm}$. [Fer+19] Nachfolgend wird ein systematisch entwickelter Aufbau der Gesamtstruktur beschrieben, bei dem die TCP-Verlagerungen während der Rotationen des Drehtisches L-611 und Goniometers WT-90 in Form einer Abstandsmessung zwischen drei kartesisch angeordneten Fabry-Pérot-Interferometern und der Innenfläche einer Referenzhalbsphäre erfasst werden. Der entwickelte Aufbau bildet zudem die Grundlage für ein Konzept der In-situ-Kalibrierung der Referenzhalbsphäre innerhalb der NMM-1 mit den Fabry-Pérot-Interferometern und einem Glaskugelretroreflektor im Abbepunkt der Maschine.

7.2.1 Baugruppen der Gesamtstruktur

Abbildung 7.2 zeigt die Baugruppen der entwickelten Gesamtstruktur einer Fünfachs-Nanopositionier- und Nanomessmaschine mit in den metrologischen

Kreis über Fabry-Pérot-Interferometer und Referenzhalbsphäre einbezogenen rotatorischen Toolpositioniersystemen (NMM-5D).

Für eine bessere Sichtbarkeit der Baugruppen sind die vordere Säulenstruktur des Kraftrahmens und die optionale separate Schallschutzkammer nicht dargestellt. Die NMM-5D steht in dieser Variante in einem klimatisierten Messlabor auf einem vom übrigen Gebäude getrennten schwingungsisolierten Fundament. Teil des darauf aufgebauten Gestells sind vier mit

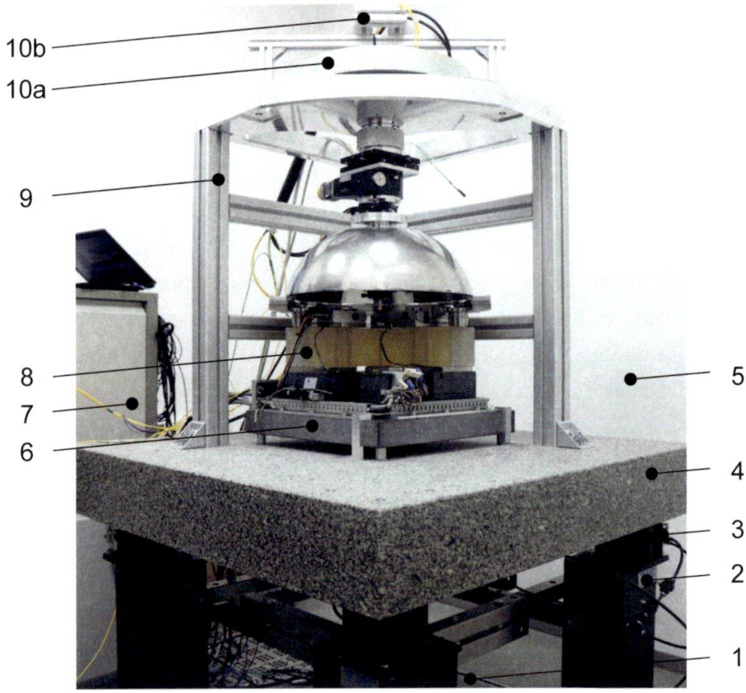

Abbildung 7.2: NMM-5D: (1) schwingungsisoliertes Fundament; (2) Gestell mit TMC Micro-g Standfüßen [TMC18]; (3) pneumatische Dämpfer; (4) Granitgrundplatte [Rei19]; (5) klimatisiertes Messlabor; (6) NMM-1 ohne Spiegelecke [SIO13]; (7) Schaltschrank mit Regelungstechnik für NMM-1, L-611, WT-90; (8) metrologischer Rahmen; (9) Kraftrahmen (ohne Zusatzlängssäulen und Querstreben); (10a,b) Kabelführung

einer Stahlkonstruktion verbundene TMC Micro-g Standfüße mit pneumatischen Dämpfern[TMC18]. Die darauf gelagerte Grundplatte des Aufbaus besteht aus einem Messgranit (Hartberger Granit, $1000 \times 1000 \times 160\,\text{mm}^3$) mit M6-Gewindeeinsätzen zur Befestigung des Kraftrahmens und einer maximalen Ebenheitsabweichung der Grundfläche von 3,88 µm [Rei19]. Auf dieser Grundfläche steht die NMM-1, deren modifizierter metrologischer Rahmen eine justierbare Aufnahme für eine Referenzhalbkugel an Stelle der drei Säulen und der Deckplatte enthält. Die NMM-1 wird an ihrer Granitgrundplatte über Abstandshalter an einer Ecke des Kraftrahmens formschlüssig angelegt, welcher mit einer Deckplatte über Feinjustierer mit dem Drehtisch L-611 und dem Goniometer WT-90 verbunden ist. Die formschlüssige Anlage erlaubt eine erste Grundausrichtung der NMM-1 gegenüber dem Kraftrahmen. Auf dem in Abbildung 7.2 dargestellten Kraftrahmen sind im oberen Bereich zwei Varianten der Kabelführung realisiert (10a und 10b). In der Variante 10a ist die Führung der Energie- und Informationsversorgung für das Goniometer WT-90, die Fabry-Pérot-Interferometer und das Tool mittels Schleppkette [igu19a] in einem Kettenleitblech [igu19b] für einen Rotationsbereich des Drehtisches L-611 von $\pm 200°$ möglich. Die Kabel werden dabei über einen am Rotor des L-611 befestigten Mitnehmer durch die zentrale Öffnung des L-611 geführt. Eine Kabelführung durch diese Öffnung ist ebenfalls für die Variante 10b möglich. Die Energie- und Informationsleitungen sind hierbei an einer Rahmenkonstruktion befestigt und werden während einer Rotation des Drehtisches L-611 tordiert. Wird der Rotationsbereich des L-611 auf $\pm 200°$ begrenzt, lässt sich hierdurch das Kippmoment und damit die Verlagerung des TCP aufgrund der Taumelbewegung des L-611 im Vergleich zu Variante 10a reduzieren.

7.2.2 Kraftrahmen

Der Kraftrahmen einer NPMM weist als Fortführung der Gerätebasis eine hohe Masse gegenüber der bewegten Masse des Bewegungssystems auf und leitet idealerweise Kräfte und Momente des Positioniersystems nicht an den metrologischen Rahmen weiter (vgl. Kapitel 2.2). Der in Abbildung 7.2 dargestellte Kraftrahmen besteht aus einer Aluminiumprofilkonstruktion mit

$60 \times 60\,\text{mm}^2$ Profilquerschnitt [ite19] sowie einer Deckplatte mit einer topologieoptimierten Geometrie nach Variante V4b aus Tabelle 4.16 und der Dicke $h = 60\,\text{mm}$ aus EN AW 7075. Die zentrale Bohrung dieser Deckplatte ist konzentrisch zur z-Achse der NMM-1 angeordnet.

An dieser Öffnung wird die in Abbildung 7.3 gezeigte Anordnung von Justierern sowie der Drehtisch L-611 und das Goniometer WT-90 angebunden. In der Mittellage des Bewegungsbereiches der Justierer ist die Hauptdrehachse des Drehtisches deckungsgleich mit der z-Achse der NMM-1 und der gemeinsame Momentanpol des Drehtisches sowie des Goniometers entspricht

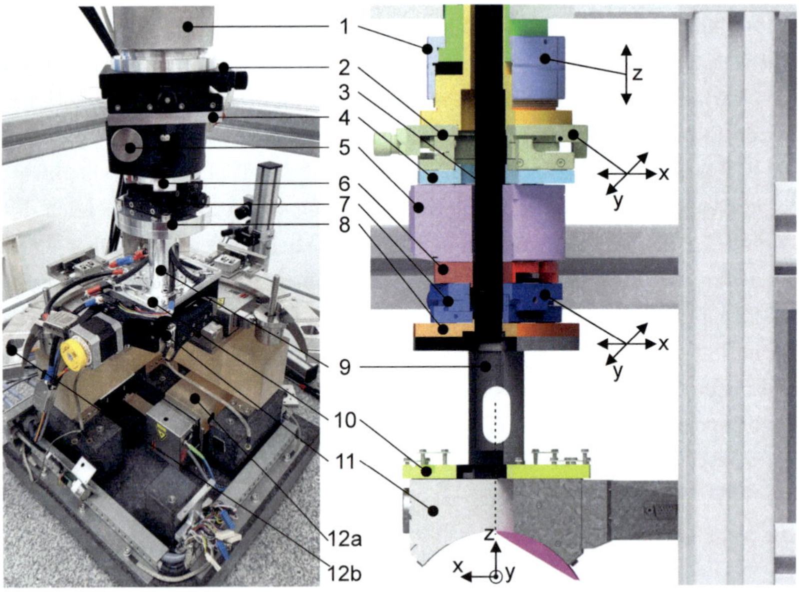

Abbildung 7.3: L-611 und WT-90 Anbindung der NMM-5D: (1) L-611-z-Justierer; (2) L-611-xy-Justierer (OWIS KT-90) [OWI19b]; (3) Kabeltubus; (4) Verbinder-1; (5) Drehtisch L-611; (6) Verbinder-2; (7) WT-90-xy-Justierer (OWIS KT-65) [OWI19a]; (8) Verbinder-3; (9) Verbinder-4; (10) WT-90 Kabelklemmplatte; (11) Goniometer WT-90; (12a) metrologischer Rahmen der NMM-1; (12b) Aufnahme der Referenzhalbsphäre

dem Abbepunkt der Maschine sowie dem TCP. Abweichungen dieses Sollzustandes können über die Justierer verringert werden. Der Drehtisch L-611 ist separat in z-Richtung mittels L-611-z-Justierer um ±8 mm sowie in x- und y-Richtung um jeweils ±10 mm mit einem kommerziellen Kreuztisch (OWIS KT-90) [OWI19b] justierbar. Mit den vorgespannten Feingewindespindeln dieser Justierer sind in jeder Richtung Bewegungen mit einer Auflösung von 1 µm möglich. Die Lage des Goniometers WT-90 zu dem Drehtisch L-611 kann mit einem kommerziellen Kreuztisch (OWIS KT-65) [OWI19a] in x- und y-Richtung um jeweils ±3 mm mit einer Auflösung von 1 µm variiert werden. Für alle Justierer ist die erreichte Position mechanisch klemmbar. Die Auswahl des Justagekonzeptes und der Justierer basiert auf einer Toleranzanalyse der Komponenten zwischen der NMM-1 und dem TCP, zu erwartender Kräfte- und Momente, den Erkenntnissen der experimentellen Untersuchungen in Kapitel 5.1 sowie Varianten der Energie- und Informationsübertragung.

Eine zentrale Öffnung der Justierer und Koppelstellen ermöglicht bspw. die Kabelführung innerhalb eines Kabeltubus mit einem freien Innendurchmesser von 22 mm ohne einen Kontakt der Kabel zu den Positioniersystemen oder Justierern über den gesamten Bewegungsbereich. Der freie Innendurchmesser ist dabei für die Energie- und Informationsübertragung des Goniometers WT-90, der Fabry-Pérot-Interferometer mit zusätzlichen Temperatursensoren sowie eines Tools konzipiert.

Die Koppelstellen zwischen den in Abbildung 7.3 dargestellten Elementen (1-11) enthalten Verschraubungen und formschlüssige Verbindungen mit Passungen. Wie in Zusammenhang mit der Darstellung der Baugruppen der Gesamtstruktur in Abbildung 7.2 ersichtlich, ist eine Trennung in z-Richtung zwischen Verbinder-3 und Verbinder-4 für die Montage der Referenzhalbkugel und des Goniometers WT-90 vorgesehen. Die Elemente 9-11 in Abbildung 7.3 werden nach Integration der Referenzhalbkugel montiert. Dies ermöglicht eine Minimierung der freien Öffnung im Bereich des Scheitelpunktes der Referenzhalbkugel und damit einen größeren φ_x-Messbereich für die Fabry-Pérot-Interferometer. An der WT-90 Kabelklemmplatte sind Koppelstellen für die Energie- und Informationsübertragung vorhanden, wodurch diese ebenfalls zwischen Verbinder-3 und Verbinder-4 für die Montage getrennt werden kann.

Alle nicht kommerziellen Elemente 1-11 in Abbildung 7.3 bestehen aus EN AW 7075 und halten die Toleranzvorgaben der DIN ISO 2768-fH [GKM19] ein.

7.2.3 Statischer metrologischer Rahmen

Der metrologische Rahmen weist als Verbindung der Messsysteme bzw. ihrer Referenz idealerweise eine hohe geometrische Langzeitstabilität auf. Typische Materialien des metrologischen Rahmens haben einen thermischen Ausdehnungskoeffizienten nahe Null und eine hohe Wärmeleitfähigkeit (vgl. Kapitel 2.2). Der in Abbildung 7.4 dargestellte statische metrologische Rahmen der NMM-5D basiert auf dem Interferometerträger aus Zerodur des metrologischen Rahmens der NMM-1.

Die Säulen der NMM-1 werden durch z-Justierer aus Invar36 ersetzt, welche die Höhenverstellung der Referenzhalbkugel von $\Delta z = \pm 4\,\mathrm{mm}$ mit einer Auflösung von $\leq 2\,\mu\mathrm{m}$ ermöglichen. Hierfür werden an den verfügbaren Bauraum angepasste Justierer mit Feingewinde und Führungszylinder (2a) bzw. ein Keilschubgetriebe (2b) eingesetzt, deren Position klemmbar ist. Zentrales Element des metrologischen Rahmens ist der auf diesen z-Justierern montierte c-förmige, dreiteilige Träger aus Invar36, der die Laserinterferometer der NMM-1 umschließt und mit dem die Justierelemente sowie die Referenzhalbkugel verbunden sind.

Die Gestalt des C-Trägers gewährleistet das vorhandene Konzept der Objektbestückung auf der Spiegelecke der NMM-1. Zudem wird, in Verbindung mit einem Gegengewicht, das resultierende Kippmoment der Kombination aus C-Träger und Referenzhalbkugel verringert und die Kippbewegung der Referenzhalbkugel über den offenen Bereich des C-Trägers vermieden. Die Referenzhalbkugel steht auf drei planparallelen Platten aus Invar36, welche auf der Oberseite des C-Trägers in einem Winkel um die z-Achse von 120° bzw. 70° direkt über den z-Justierern angeordnet werden können. Eine Abhebesicherung von diesen Platten ist bei ausreichender Wandstärke Δr_{HK} und damit der Stirnfläche der Referenzhalbkugel für eine Klebung über den gesamten xy-Justierbereich mit den Stirnaxialspannstücken möglich. Deren Vorspannkraft ist über eine Schraube mit Blattfeder einstellbar, die sich an

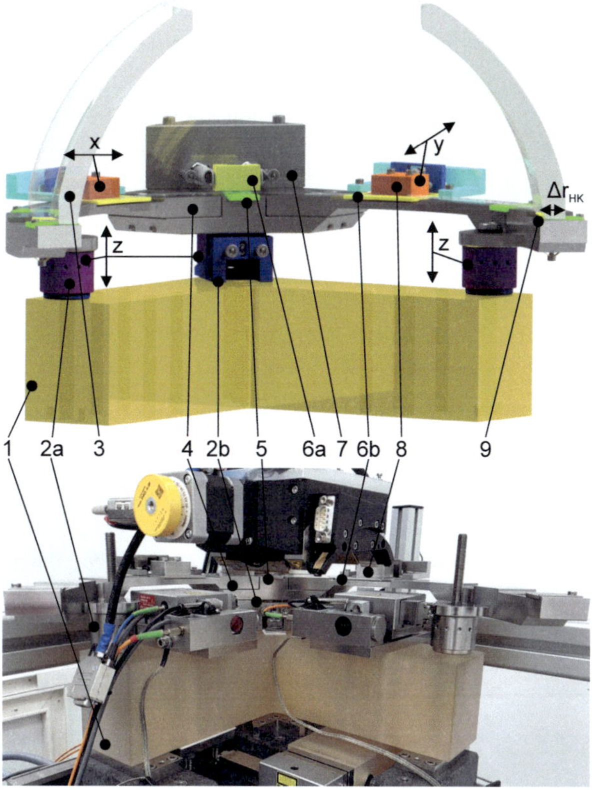

Abbildung 7.4: Statischer metrologischer Rahmen der NMM-5D: (1) metrologischer Rahmen der NMM-1; (2a) z-Justierzylinder; (2b) z-Justierkeil; (3) Referenzhalbkugel; (4) C-Träger; (5) Gleitplatte; (6a) Mantelradialspannstück; (6b) Stirnradialspannstück; (7) Gegengewicht; (8) xy-Justierkeil; (9) Stirnaxialspannstück (gelb)

der Unterseite des C-Trägers abstützt.

Mit den in ihrer Position klemmbaren xy-Justierkeilen aus Invar36 kann die Referenzhalbkugel in x- und y-Richtung in einem Bereich von $\Delta x, y = \pm 4\,\text{mm}$ mit einer Auflösung von $\leq 2\,\mu\text{m}$ justiert werden. Sie gleitet während der Justierbewegung hauptsächlich mit ihrer Stirnseite auf den Gleitplatten sowie mit ihrer Mantelseite an den Justierkeilen. Der dauerhafte Kontakt zu der Mantelseite wird über stirnseitig geklebte Stirnradialspannstücke mit gefederten Druckstücken [nor19] realisiert. Für Referenzhalbkugeln mit geringer Wandstärke ist die Vorspannung über ein am Mantel aufgeklebtes Mantelradialspannstück mit Zugfedern möglich, die am Gegengewicht des C-Trägers befestigt sind (vgl. Abbildung 7.5). Die Federvorspannkraft kann über ein Gewinde der federnden Druckstücke der Stirnradialspannstücke in einem Bereich von $6 \leq F_{SR} \leq 80$ N eingestellt werden. Eine vergleichbare Variation wird in einem Bereich von $15 \leq F_{MR} \leq 180$ N für das Mantelradialspannstück gewährleistet. Der C-Träger kann Referenzhalbkugeln unterschiedlicher Materialien und Wandstärken aufnehmen.

Für die Referenzhalbkugel sind, bedingt durch die Gestalt des Goniometers WT-90 und der xy-Justierelemente, minimale Innendurchmesser von $d_{i-HK} \geq 380\,\text{mm}$ und maximale Außendurchmesser von $d_{a-HK} \leq 460\,\text{mm}$ möglich. Der Innendurchmesser stimmt für $d_{i-HK} = 390\,\text{mm}$ mit dem freien Durchmesser des C-Trägers überein und ist entsprechend der Gestalt des Interferometerträgers der Fabry-Pérot-Interferometer und deren Arbeitsab-

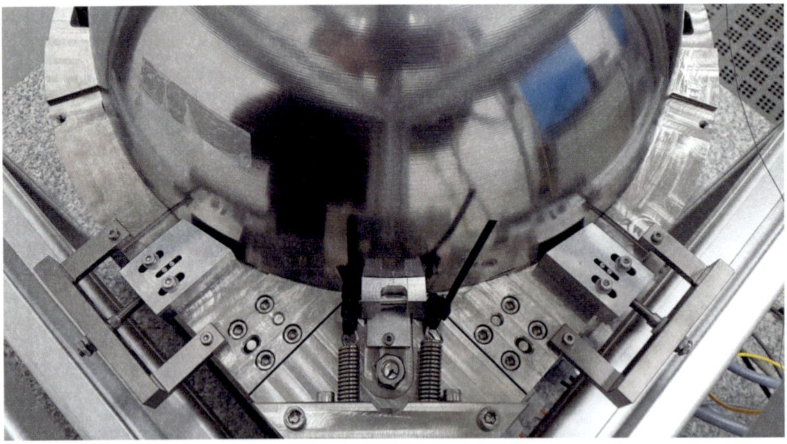

Abbildung 7.5: Teil des metrologischen Rahmens der NMM-5D mit Edelstahlreferenzhalbkugel (Δr_{HK} =2,5 mm) und Mantelradialspannstück

stand zu wählen. Für die fokussierenden Sensorköpfe dieser Interferometer wird bspw. ein Arbeitsbereich von 38,5 - 41,5 mm für Oberflächen geringer Reflektivität, wie Glas, und von 46 - 50 mm für Oberflächen hoher Reflektivität, wie poliertes Metall, angegeben [Att18]. Der Entwickelte Aufbau des statischen metrologischen Rahmens gewährleistet die Justage und anschließend langzeitstabile Positionstreue für experimentelle Untersuchungen von Referenzhalbkugeln mit Gestalt-, Lager- und Vorspannvariationen.

Neben der Abstimmung der reflektierenden Oberfläche ist die Halbkugel als Referenz für die Interferometer hinsichtlich höchster Langzeitstabilität und damit minimaler thermisch und mechanisch induzierter Verformungen zu gestalten. Maßgeblich für diese Verformungen der Referenzhalbkugel sind ihr Material und ihre Geometrie. Die mechanisch induzierte Verformung der Referenzhalbkugel im Schwerefeld der Erde wird, in Verbindung mit der Gestalt des C-Trägers, an ihrem freien Ende maximal und lässt sich signifikant durch eine Anpassung der Wandstärke reduzieren. Die Tabelle 7.3 zeigt auszugsweise die zugehörigen Ergebnisse einer umfassenden FEM-Analse (vgl. Anhang A.8) für ein Material mit i.Allg. geringer Reflektivität (Borsilikatglas) und ein Material mit hoher Reflektivität nach einer Politur (Invar36).

Tabelle 7.3: Analyse der Verformung der Referenzhalbkugel in Relation zu Material- und Wandstärkenvariation (Auszug aus Anhang A.8)

Eigenschaften	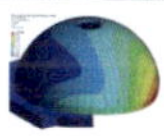	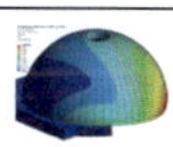		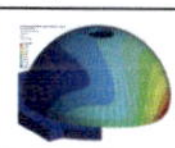		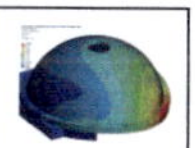
Variante	V1-1a	V1-1b	V1-2a	V2-1a	V2-1b	V2-2a
Material	Borsilikatglas (Pyrex)			Invar36		
Innendurchmesser d_{i-HK} in mm	400					
Wandstärke Δr_{HK} in mm	10	20	7,5-25	10	20	7,5-25
Halbkugelmasse m_{HK} in kg	4,649	9,983	11,169	16,679	35,815	40,066
Verformungen $\omega(HK)_{max}$ in μm	7,232	3,209	1,87	12,256	5,282	3,13
Verformungen $\omega(HK)_{min}$ in μm	0,209	0,175	0,161	0,423	0,307	0,291
f_{e1-HK} in Hz	151,84	179,9	295,8	113,3	142,14	226,55
f_{e2-HK} in Hz	228	257,54	353,98	171,9	199,98	265,89
f_{e3-HK} in Hz	260	347,54	430,66	189,96	271,33	329,7

Im Rahmen dieser Analyse werden mechanisch induzierte Verformungen bei einer Variation der Referenzhalbkugel hinsichtlich konstanter Wandstärken, variabler Wandstärken, Versteifungsgeometrien und Materialien untersucht (vgl. Anhang A.8). Die mechanisch induzierte Verformung lässt sich insbesondere durch eine Erhöhung der Wandstärke im Bereich der Aufstandsfläche der Referenzhalbkugel reduzieren. Eine verringerte Verformung reduziert die Gestaltabweichungen der realen Referenzhalbhukel von der vorgegebenen Halbkugelgeometrie und das von der Grundauslenkung abhängige Materialkriechen (vgl. Kapitel 4.4.3).

7.2.4 Bewegter metrologischer Rahmen

Neben dem statischen metrologischen Rahmen enthält die NMM-5D einen durch die rotatorischen Positioniersysteme bewegten Teil hoher Langzeitstabilität als Verbindung der drei Fabry-Pérot-Interferometer, den bewegten Interferometerträger (vgl. Abbildung 7.6).

Der bewegte Interferometerträger dient als dreiteilige starre Verbindung der Interferometer aus Invar36, die fest mit dem rotatorisch positionierten Goniometerschlitten verbunden ist. Die Anordnung der Interferometer auf dem bewegten Interferometerträger erlaubt die orthogonale Ausrichtung ihrer Messstrahlen zueinander und zur Referenzhalbkugel. Mit der In-situ-Messung der Position des bewegten Interferometerträgers gegenüber der Referenzhalbkugel werden die rotatorischen Positioniersysteme in den metrologischen Kreis einbezogen. Die Messstrahlen der Interferometer spannen ein kartesisches Koordinatensystem (KS_F mit x_F, y_F, z_F) auf, welches in der Nulllage des Goniometers WT-90 und des Drehtisches L-611 einer Drehung des Maschinenkoordinatensystems der NMM-1 von 45° um dessen z-Achse und einer Neigung von 55° um dessen x-Achse entspricht. Der Koordinatenursprung des KS_F befindet sich im TCP bzw. gemeinsamen Momentanpol der Rotationen sowie dem Abbepunkt der NMM-1. Durch diese Anordnung sind Positionen der Sensorköpfe der Interferometer auf dem Interferometerträger gewährleistet, die möglichst große Rotationsbereiche ohne Kollisionen mit vorhandenen Komponenten der NMM-5D erlauben. Mit den M15.5/F40-Sensorköpfen sind die Messstrahlen der eingekoppelten Fasern der Fabry-Pérot-Interferometer hinsichtlich ihrer Neigung mit Festkörpergelenken in zwei Achsen um $\pm 1^\circ$ justierbar. Über die Sensorhalter aus Invar36 erfolgt die Anbindung der Sensorköpfe an den Interferometerträger und eine Strahlumlenkung von 90° in Verbindung mit einem Planspiegel. Dies vermeidet Bauteilkollisionen und erhöht die vorhandenen Biegeradien der Lichtleitkabel bei gleichzeitig möglicher Axialverschiebung des Sensorkopfes zur Adaption des Arbeitsabstandes für Referenzhalbkugeln unterschiedlicher Reflektivität. Während der bewegte Interferometerträger dauerhaft mit dem Goniometerschlitten verbunden ist, erlaubt der entnehmbare und in seiner Gestalt an das Tool angepasste Toolaufnehmer aus Invar36 einen Toolwechsel. Ein im Rahmen dieser Arbeit entwickelter Toolaufnehmer mit einer konstruktiven Vorneigung des Tools

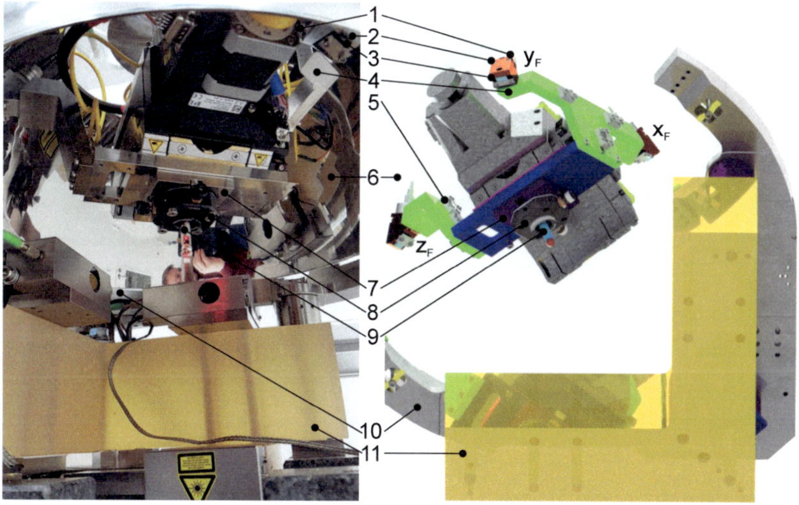

Abbildung 7.6: Bewegter metrologischer Rahmen der NMM-5D: (1) M15.5/F40-Sensorkopf mit Fasereinkopplung [Att18]; (2) Sensorhalter; (3) Planspiegel; (4) bewegter Interferometerträger (IT, grün und blau); (5) Kabelklemme für Lichtleiterkabel; (6) Referenzhalbkugel (Metall(links); Glas(rechts)); (7) Toolaufnahme; (8) Feinjustierer (x,y,z) [Tho17]; (9) n = 2 Glaskugel auf Invar36-Schaft; (10) C-Träger; (11) metrologischer Rahmen der NMM-1; KS_F mit x_F, y_F, z_F

gewährleistet die Ausschöpfung des maximal möglichen Drehbereiches des Goniometers WT-90, nach dem Prinzip der Nanoimprintlithographie in Kapitel 5.2.

In Abbildung 7.6 ist eine Variante des Toolaufnehmers mit Feinjustierer (x,y,z) und einer n = 2 Glaskugel als Retroreflektor im TCP bzw. Abbepunkt auf einem Schaft aus Invar36 dargestellt. Dies ermöglicht die Positionserfassung des bewegten Interferometerträgers durch die drei sich im Zentrum der Glaskugel kreuzenden Interferometerstrahlen der NMM-1 nach dem Prinzip der Untersuchungen der Positionierwiederholbarkeiten in Kapitel 5.1. Aus der Differenz zwischen den Messwerten der x-, y- und z-Interferometer der NMM-1 und den drei Fabry-Pérot-Interferometern kann mit diesem Aufbau die Topologie der Referenzhalbkugel in situ ermittelt und anschließend als Datenbasis für Korrekturen verwendet werden.

7.3 Funktionsnachweis

Die Inbetriebnahme der NMM-5D und damit der Funktionsnachweis des in den vorherigen Kapiteln beschriebenen Konzeptes der NMM-5D wird, aufgrund der Fertigungskomplexität langzeitstabiler Referenzhalbkugeln, zunächst am Beispiel einer Referenzhalbkugel aus Edelstahl [Bal20] beschrieben. Die in den Abbildungen 7.5 und 7.6 dargestellte tiefgezogene Referenzhalbkugel mit einem Innendurchmesser von $d_{i-HK} = 395\,\text{mm}$ und einer Wandstärke von $\Delta r_{HK} = 2{,}5\,\text{mm}$ weist eine polierte Innenseite hoher Reflektivität auf. Der Arbeitsabstand der Sensorköpfe der Fabry-Pérot-Interferometer wird dementsprechend an den Sensorhaltern auf 48 mm eingestellt.

Für die Inbetriebnahme der NMM-5D werden die Baugruppen des Kraftrahmens, des bewegten metrologischen Rahmens sowie des statischen metrologischen Rahmens mit den jeweiligen Justierern in der Mittelposition ihres Bewegungsbereiches separat vormontiert und die Spiegelecke mit den translatorischen Positioniersystemen der NMM-1 entfernt. Es folgt die horizontale Ausrichtung der Gerätebasis der NMM-1 an einer formschlüssigen Anlage des Kraftrahmens (vgl. Abbildung 7.2). Dem schließt sich die Integration des Goniometers WT-90, an dem der bewegte metrologische Rahmen mit der n = 2 Glaskugel und dem Feinjustierer in Mittelposition befestigt ist, über den freien Bauraum des Interferometerträgers der NMM-1 und durch die freie Öffnung der Referenzhalbkugel an (vgl. Abbildung 7.6). Idealerweise entspricht das Kugelzentrum des Glaskugelreflektors (TCP) dem gemeinsamen Momentanpol beider rotatorischer Positioniersysteme und dem Kreuzungspunkt der Interferometer der NMM-1. Zudem ist die Übereinstimmung dieses Kreuzungspunktes mit dem Kugelzentrum der Referenzhalbkugel für Messungen mit den Fabry-Pérot-Interferometern anzustreben. Abweichungen dieses Sollzustandes können mit den translatorischen Justierern separat für jede Achse des kartesischen Koordinatensystems korrigiert werden.

In Anlehnung an die experimentellen Untersuchungen der Positionierwiederholbarkeit in Kapitel 5.1 werden die Interferometer der NMM-1 für die Justierung des gemeinsamen Drehzentrums des Drehtisches L-611, des Goniometers WT-90 und des Glaskugelreflektors verwendet. Hierfür sind, bei gleichbleibender Orientierung des WT-90, unter Einbezug der Rotationen des L-611 sowie der Justierer L-611-xy und L-611-z iterativ die Änderungen der Interferometermesswerte während einer Rotation des L-611 zu reduzieren (vgl. Abbildung 7.3). Der mögliche translatorische Versatz zwischen dem Drehtisch L-611 und dem Goniometer WT-90 kann anschließend nach gleichem Prinzip durch den Justierer WT-90-xy reduziert werden. Unter Einbezug der Rotationen des Goniometers WT-90 wird mit dem xyz-Justierer der TCP des Glaskugelreflektors in das Drehzentrum des WT-90 gelegt.

Die Justage der Referenzhalbkugel erfolgt mittels xy- und z-Justierer des statischen metrologischen Rahmens der NMM-5D (vgl. Abbildung 7.4) nach ähnlichem Schema durch eine Auswertung der Interferometermesswerte der Fabry-Pérot-Interferometer während einer umlaufenden Rotation des Drehtisches L-611. Als Hilfsmittel für die Justage der Referenzhalbkugel dient eine Koordinatentransformation der Fabry-Pérot-Messwerte in das Koordinatensystem der NMM-1.

Grundlage der detaillierten metrologischen Analyse des vorliegenden Aufbaus und ein erster Funktionsnachweis des Prinzips sind kontinuierliche Messwerte der sechs Interferometer während der Rotationen des Drehtisches L-611 und des Goniometers WT-90. Abbildung 7.7 zeigt die Rohdaten der Messwerte der NMM-1 Interferometer für die TCP-Verlagerungen bei fünf Rotationen des Drehtisches L-611. Dies entspricht einem Auszug von kontinuierlichen

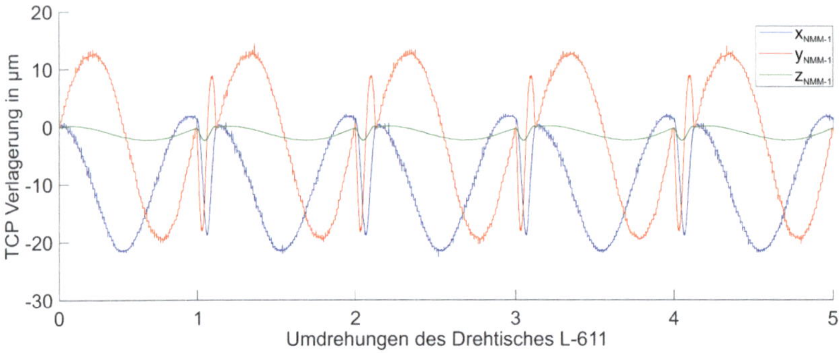

Abbildung 7.7: Rohdatenauszug der Messergebnisse der NMM-1 Interferometer für die TCP-Position des $n = 2$ Retroreflektors bei Rotationen des Drehtisches L-611 in der NMM-5D

Messwerten aus einer Messreihe von 200 Rotationen zwischen $\varphi_z = 0°$ und $\varphi_z = 360°$, bei denen der Drehtisch für reproduzierbare Bedingungen nach jeder vollen Umdrehung wieder im Eilgang in die Ausgangslage zurück rotiert. Die Schrittweite des Drehtisches erfolgt für die Vorwärtsbewegung mit einer Schrittweite von $\Delta\varphi_z = 5°$. Der Schaft der $n = 2$ Glaskugel ist für diese Messreihe entlang der z-Achse der NMM-1 orientiert.

In Abbildung 7.8 sind die Rohdaten der während der Messungen aus Abbildung 7.7 durch die Fabry-Pérot-Interferometer gemessenen Verlagerungen des Interferometerträgers gegenüber der Referenzhalbkugel dargestellt.

Wie beiden Abbildungen zu entnehmen ist, werden für die sechs Interferometer kontinuierliche Messwerte für die schrittweise Rotation und die Rückbewegung in die Ausgangslage generiert. Als Rohdaten beinhalten die Werte der gesamten Messreihe Einflüsse, wie Formabweichungen der jeweiligen Referenz und insbesondere der Referenzhalbkugel, translatorische und rotatorische Fehlstellungen der Einzelkomponenten ungeachtet der erfolgten Justage sowie thermisch und mechanisch induzierte Verformungen.

Die auf der Basis der in Anhang A.8 beschriebenen FEM-Untersuchungen für die vorhandene Edelstahlreferenzhalbkugel ermittelten mechanisch induzierten Verformungen erreichen von der Vorspannung der Justierer abhängige Werte von $\omega(HK)_{max} \leq 20\,\mu m$.

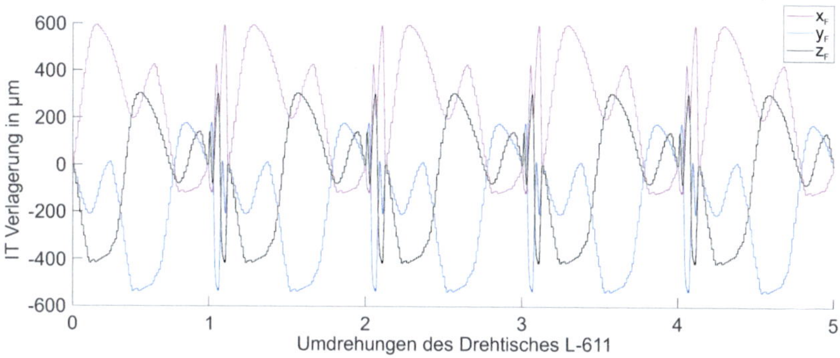

Abbildung 7.8: Rohdatenauszug der Messergebnisse der Fabry-Pérot-Interferometer für die Verlagerung des Interferometerträgers gegenüber der Referenzhalbkugel bei Rotationen des Drehtisches L-611 in der NMM-5D

Für die ausführliche metrologische Auswertung der Rohdaten bezüglich der in gegenseitiger Unterstützung durchgeführten Untersuchungen und experimentellen Versuchsreihen sei an dieser Stelle auf die parallele Dissertation von Herrn Florian Fern mit dem voraussichtlichen Titel „Metrologie in fünfachs Nanomess- und Nanopositioniermaschinen“ verwiesen [Fer20].

7.4 Fazit zur Integration rotatorischer Positioniersysteme in den metrologischen Kreis

Die Integration rotatorischer Toolpositioniersysteme in den metrologischen Kreis der Fünfachs-Nanopositionier- und Nanomessmaschine durch eine In-situ-Messung der Toolposition erlaubt die Berücksichtigung der Positionierabweichungen im Rahmen eines ganzheitlichen Regelkonzeptes und damit die Korrektur bzw. Kompensation von Relativbewegungen zwischen Tool und Objekt. Dabei ist die Positionserfassung durch Rotationen hochauflösender Kompaktinterferometer gegenüber einer an einem statischen metrologischen Rahmen angebrachten Referenzhalbkugel mit den für große Rotationsbereiche vergleichsweise geringen bewegten Massen ohne Nachführung der Messstrahlen verbunden. Eine direkte Verbindung mit dem Tool reduziert die

Anzahl der nötigen Messsysteme für die Positionierabweichungen der rotatorischen Positioniersysteme und für die Verformungen des vom metrologischen Rahmen getrennten Kraftrahmens.

Die dauerhaft virtuelle Ausrichtung der Messstrahlen auf den TCP gewährleistet das für die Gestalt des Tools notwendige freie Volumen. Eine Anordnung der Kompaktinterferometer in einem zu dem Maschinenkoordinatensystem der NPMM geneigten kartesischen Koordinatensystem erlaubt dabei die Messung der Verlagerungen des TCP ohne signifikante Einschränkungen des Bewegungsbereiches und Abschattungen der Messstrahlen. Voraussetzung für die dauerhaft virtuelle Ausrichtung der Messstrahlen auf den TCP sind Materialien und Geometrien mit minimierter mechanisch und thermisch induzierter Verformung der statischen Referenz sowie des bewegten Messsystemträgers der Kompaktinterferometer. Die Gestalt des entwickelten statischen und bewegten metrologischen Rahmens ist für die Komponenten des metrologischen Kreises hinsichtlich minimierter thermisch und mechanisch induzierter Verformungen optimiert und besteht maßgeblich aus der Eisen-Nickel-Legierung Invar 36. Der Entwickelte Aufbau des statischen metrologischen Rahmens gewährleistet die Justage und anschließend langzeitstabile Positionstreue für experimentelle Untersuchungen von Referenzhalbkugeln mit Gestalt-, Lager- und Vorspannvariationen. Für die Herstellung der vergleichsweise komplexen Referenzhalbkugel mit langfristiger Dimensionsstabilität, geringer Formabweichung und ausreichender Oberflächengüte sind jedoch spezielle Fertigungsverfahren und Materialien notwendig [Cor19; Fra19; LT 19; Opt19; Ray19; Sch19]. Mit den integrierten Fabry-Pérot-Interferometern werden dabei die vom Material der Referenzhalbkugel unabhängigen Messungen auf stark reflektierenden Flächen (z. B. Metall) und schwach reflektierenden Flächen (z. B. unbeschichtetes Glas) nachweislich ermöglicht.

Der entwickelte Gesamtaufbau gewährleistet die aus dem Grundaufbau von NPMMs bekannte vorteilhafte Trennung von Kraft- und Metrologierahmen sowie die Justage der rotatorischen Positioniersysteme, der Verbindungselemente, der Fabry-Pérot-Interferometer und der Referenzhalbkugel. Hierdurch kann eine vorteilhafte Übereinstimmung von TCP, Abbepunkt und gemeinsamem Momentanpol des Drehtisches L-611 und des Goniometers WT-90 eingestellt werden.

8 Konstruktionsrichtlinien

Für die Entwicklung von NPMM mit ausschließlich translatorischen Positioniersystemen sind Konstruktionsprinzipien und Richtlinien bekannt [BJ14; Hau+11; Hau02; Lot+05; Lot09]. Basierend auf den Untersuchungen im Rahmen der vorliegenden Arbeit lassen sich diese Erkenntnisse unter Einbezug rotatorischer Bewegungen um allgemeine Richtlinien für den konstruktiven Aufbau von Fünfachs-Nanopositionier- und Nanomessmaschinen erweitern.

Ein Ansatz für die Entwicklung von multiaxialen Gesamtstrukturkonzepten besteht in der Erweiterung überwiegend auf translatorischen Relativbewegungen zwischen Tool und Objekt in einem kartesischen Bewegungsbereich basierender NPMM, durch die Integration zusätzlicher rotatorischer Positioniersysteme.

Ein wesentlicher Entwicklungsansatz bestehender NPMM ist die Reduzierung der bewegten Massen sowie Massenträgheitsmomente der Gesamtstruktur und damit ein verringerter Wärmeeintrag sowie eine erhöhte Dynamik. Vorteilhaft für die Integration rotatorischer Positioniersysteme sind dahingehend NPMM-Grundstrukturen, bei denen die einzelnen translatorischen Positioniersysteme gemeinsam auf einen Endeffektor (Tool oder Objekt) und die rotatorischen Positioniersysteme auf den zuvor unbewegten Endeffektor wirken.

Im Vergleich zu Objektrotationen ermöglichen Rotationen von quasipunktförmig wirkenden Tools einen größeren Arbeitsbereich.

Die Rotationen des Tools erfolgen vorzugsweise in orthogonalen und damit voneinander unabhängigen Ebenen. Aufgrund der hierdurch orthogonalen Hauptdrehachsen ist die Antastung einer vorgegebenen Bahn auf der Objektoberfläche kontinuierlich möglich, ohne dabei die Bahn zu verlassen, wodurch die Mess- und Bearbeitungszeiten verkürzt werden können.

Eine Ausrichtung des Tools normal in einer Halbsphäre erlaubt den Einsatz von Tools, deren Funktion von ihrer Neigung zur Objektoberfläche abhängig ist. Mit den hierfür kombinierten rotatorischen Bewegungen, die dauerhaft um einen gemeinsamen Momentanpol erfolgen, werden translatorische Korrekturbewegungen vermieden.

Für die Rotationen des Tools sind Kinematikvarianten mit kombiniertem Momentanpol im TCP vorteilhaft. Der Einfluss von Positionierabweichungen der rotatorischen Positioniersysteme auf die translatorischen Verlagerungen des TCP kann hierdurch auf die Bahnabweichungen der Lager bzw. Segmentlager reduziert werden. Abweichungen des Positionierwinkels lassen sich folglich auf die vergleichsweise geringfügigen Neigungsänderungen des Tools gegenüber der Objektoberfläche reduzieren. Entscheidend für eine Minimierung der Messunsicherheit der Toolposition sind möglichst hohe Reproduzierbarkeiten der Bahnabweichungen der rotatorischen Positioniersysteme.

Die Auswertung kommerziell erhältlicher rotatorischer Positioniersysteme lässt auf die Reduzierbarkeit der Bahnabweichungen unter Verwendung voll umlauffähiger rotatorischer Bewegungsumsetzer schließen. Sofern im Rahmen möglicher Bauraumrestriktionen umsetzbar, sind daher für die Gestaltung der Positioniersysteme umlauffähige Lager den Segmentlagern vorzuziehen. Die zugrundeliegende Kinematik der rotatorischen Getriebegesamtstruktur besteht aus möglichst wenigen, zur Positionierreproduzierbarkeit beitragenden Gelenken und Koppelelementen. Für hohe Positionierreproduzierbarkeiten ist die serielle Kombination von zwei Drehtischen mit unabhängigen Rotationen um einen gemeinsamen Momentanpol vorteilhaft. Ferner sollte bei Bauraumrestriktionen die Kombination aus einem Drehtisch und einem Goniometer gewählt werden.

Sofern die Gestalt des rotatorisch positionierten Endeffektors den Arbeitsbereich des Goniometers überschreitet, ist eine asymmetrische Anordnung des Goniometers in Betracht zu ziehen. Dabei können die sich weiterhin in einem Punkt schneidenden Hauptdrehachsen mit einem lateralen Versatz aufgebaut werden, was einer konstruktiven Verlagerung des Goniometers entlang dessen Hauptdrehachse bzw. parallel zur Hauptdrehachse des Drehtisches entspricht.

Weichen die Rotationsbewegungen reproduzierbar von der Idealform ab, ist eine auf der Messung der Abweichungen beruhende Kompensation oder Korrektur zur weiteren Verringerung der Positionierunsicherheit möglich. Die Messung der Abweichungen erfolgt idealerweise hinsichtlich aller sechs Freiheiten.

Das Konstruktionsprinzip der fehlerarmen Anordnung der Positioniersysteme lässt sich mit einer dauerhaften Übereinstimmung des TCP mit den kombinierten Momentanpolen der rotatorischen Positioniersysteme sowie dem Abbepunkt der NPMM realisieren. Hierdurch wird das Abbe'sche Komparatorprinzip eingehalten und es werden Fehler erster Ordnung vermieden.

Erfolgt die Messung der Positionierabweichungen direkt am Tool, lässt sich die Anzahl der notwendigen Messsysteme auf ein Minimum reduzieren. Die Messung erfordert dann eine räumlich ausgedehnte Referenzfläche, die im einfachsten Fall einem Kugelsegment entspricht. Durch die Messung direkt am Tool wird dieses in den metrologischen Kreis eingebunden, während die Positioniersysteme an den Kraftrahmen gekoppelt sind. Die vorteilhafte Trennung von Kraft- und Metrologierahmen ermöglicht deren differenzierte Gestaltoptimierung und verringert die in den metrologischen Rahmen induzierten statischen und dynamischen Verformungen.

Der metrologische Rahmen der bewegten und statischen Messsysteme sowie ihnen zugeordneter Referenzen ist hinsichtlich größtmöglicher geometrischer Langzeitstabilität und damit reduzierter thermisch sowie mechanisch induzierter Verformungen zu gestalten. Hierfür sind Materialien mit minimalem thermischen Längenausdehnungskoeffizienten, hoher Temperaturleitfähigkeit und geringem Materialkriechen von Vorteil. Materialbeispiele sind Quarzglas, ULE und Zerodur sowie für komplexere Bauteilgeometrien die Eisen-Nickel Legierung Invar36. Eine geringe, mechanisch induzierte elastische Deformation verringert zudem das von der Grundauslenkung abhängige Materialkriechen.

9 Zusammenfassung und Ausblick

Die Mehrheit bereits realisierter Nanopositionier- und Nanomessmaschinen (NPMM) basiert auf drei unabhängigen linearen Bewegungen in einem kartesischen Koordinatensystem mit Bewegungsbereichen bis zu $400 \times 400 \times 100\,\text{mm}^3$ (xyz) mit Wiederholbarkeiten unter 100 nm. In Kombination mit den spezifischen Eigenschaften verfügbarer optischer und taktiler Sensoren sowie Werkzeuge (zusammengefasst als Tools) schränkt dies den Einsatz derartiger Maschinen in Bezug auf adressierbare Objektgeometrien ein. Modernste mehrachsige Präzisionsfertigungsmaschinen lösen dieses Problem, erfüllen jedoch nicht die Anforderungen an die nötige Positioniergenauigkeit.

Im Rahmen der vorliegenden Untersuchungen wurden multiaxiale Maschinenstrukturen erarbeitet, die eine Fünfachspositionierung unter Beibehaltung der Präzision im Nanometerbereich ermöglichen. Die systematische Erarbeitung von Lösungskonzepten beruhte auf einem parameterbasierten dynamischen Bewertungssystem mit quantifizierbaren technologischen Parametern. Auf der Grundlage dieses Klassifizierungssystems war die Evaluierung modular variierter Maschinenkonzepte im Hinblick auf die Realisierung mehrachsiger Bewegungen möglich. Das Bewertungssystem wurde durch die Implementierung von Daten auf der Basis umfangreicher Konstruktionskataloge für Substrukturelemente (ultrapräzise Positioniersysteme, Messsysteme, Führungen und Lager), Unsicherheitsberechnungen und CAD-Modell basierter Bauraum-Analysen für spezifische Aufbauten weiterentwickelt.

Erste Auswertungen ergaben ein hohes Potenzial für Varianten mit drei unabhängigen linearen Bewegungen des Objektes in Kombination mit zwei Rotationen des Tools. Insbesondere die Rotation des Tools um die Hochachse der NPMM mittels Drehtisch in Kombination mit einer Rotation in der horizontalen xy-Ebene unter Verwendung eines Goniometers zeigten einen hohen Erfüllungsgrad. Der Toolcenterpoint (TCP) stimmt hierbei mit den beiden

Momentanpolen der Rotationen und dem Abbepunkt der NPMM überein. Eine asymmetrische Anordnung des Goniometers entlang dessen Hauptdrehachse erlaubt den Einsatz von Tools, deren Gestalt das Arbeitsvolumen des Goniometers überschreitet.

Für die experimentellen Untersuchungen wurde ein geeigneter kommerzieller Drehtisch (L-611) und ein Goniometer (WT-90) mit den zugehörigen Steuerungen eingesetzt [Phy17a; Phy17c; Phy17e]. Diese erlauben die Rotationen eines Tools mit einer Masse $m_T \leq 2\,\text{kg}$, Länge in Messrichtung $\Delta z_T \leq 50\,\text{mm}$ sowie Ausdehnung quer zur Messrichtung von $D_T \leq 60\,\text{mm}$, ohne asymmetrische Anordnung des Goniometers WT-90. Es sind Rotationsbereiche des Tools relativ zu einem Objekt auf der Spiegelecke, bezogen auf das Maschinenkoordinatensystem von $0 \leq \varphi_x \leq 90°$; $\varphi_z \leq 360°$ möglich.

Mittels hochauflösender Winkel- und Längenmesssysteme (Autokollimatoren und Laserinterferometer) wurden die Eigenschaften der Positioniersysteme und insbesondere die für den Einsatz in einer NPMM essenziellen Positionierwiederholbarkeiten in unterschiedlichen Lagen und Anordnungen der Systeme experimentell ermittelt. Als Ergebnis liegen die Wiederholbarkeiten der Taumelbewegung für den Drehtisch L-611 bei $\leq 14{,}420\,\mu\text{rad}$ und für das Goniometer WT-90 bei $\leq 17{,}952\,\mu\text{rad}$.

Die Versuchsreihen bestätigen zudem die Eignung des ausgewählten Konzeptes der Toolrotation um zwei unabhängige Drehachsen mit gemeinsamem Momentanpol im TCP. Die Integration ultrapräziser Rotationseinheiten in die Nanopositionier- und Nanomessmaschine 1 (NMM-1) der TU Ilmenau erfolgte unter Zuhilfenahme finite Elemente gestützter Modellbildung (FEM) und daraus abgeleiteter Strukturoptimierung der Koppelstellen. Unter Anwendung von Laserinterferometern in Kombination mit einem geeigneten Retroreflektor im TCP wurden Einflüsse der zusätzlichen rotatorischen Positioniersysteme, wie Verformungen, Vibrationen, thermischer Drift und Positionierwiederholbarkeiten, in der NMM-1 in situ gemessen.

Es konnten Standardabweichungen der Positionierwiederholbarkeiten des TCP über alle Messreihen des gesamten Rotationsbereiches von $\leq 250\,\text{nm}$ sowie im besten Falle zwischen $50\,\text{nm}$ und $100\,\text{nm}$ in x- und y-Richtung sowie $\leq 150\,\text{nm}$ in z-Richtung und in weitergehenden Versuchsreihen nach Neujustage $\leq 50\,\text{nm}$ in z-Richtung gemessen werden.

Wie beispielhaft mit der Anwendung eines entwickelten Nanoimprinttools gezeigt, sind diese Positioniereigenschaften für Nanofabrikationsverfahren ohne eine Zusammensetzung der Teilstrukturen zu einer Gesamtstruktur (Stitching) ausreichend. Die vorhandene Präzision der NPMM wird durch zusätzliche rotatorische Positioniersysteme verringert. Ein wissenschaftlicher Neuheitswert besteht jedoch in der Möglichkeit einer Adressierung und Bearbeitung dreidimensionaler Körper normal zu deren Oberfläche inklusive Hinterschneidungen.

Wenn die Positionierabweichungen der Toolrotationen nicht in situ gemessen und eine Kalibrierung an einem geeigneten Artefakt durchgeführt wird, ist die erreichbare Genauigkeit aufgrund der Reproduzierbarkeit der Positioniersysteme stärker begrenzt. Durch zusätzliche Messsysteme für die Rotation im geschlossenen Regelkreis kann die Mess- und Bearbeitungsgenauigkeit erhöht und die Bearbeitungszeit verkürzt werden.

Der entwickelte neuartige Aufbau der Gesamtstruktur (NMM-5D), bei dem für die kombinierte Messung der Positionierabweichungen Fabry-Pérot-Interferometer zur Anwendung kommen, gewährleistet dies. Die Interferometer erfassen die Positionierabweichungen gegenüber einem halbkugelförmigen Konkavspiegel (Referenzhalbkugel), der am metrologischen Rahmen der NMM-1 angebracht ist. Dies erlaubt die vorteilhafte Trennung von Kraftrahmen und metrologischem Rahmen sowie den Einbezug der rotatorischen Positioniersysteme in den metrologischen Kreis der NMM-5D, was die Minimierung der Gesamtmessunsicherheit ermöglicht.

Unter Einsatz eines Glaskugelretroreflektors mit einem Brechungsindex von zwei im TCP ist zudem eine Kalibrierung der Kompaktinterferometer in situ möglich. Hierfür erfolgt eine Zuordnung der Messwerte der Fabry-Pérot-Interferometer zu den Messwerten der NMM-1 Laserinterferometer während der Rotationen des Tools. Dies ermöglicht die In-situ-Topologieerfassung der Referenzhalbkugel. Grundvoraussetzung hierfür sind kontinuierliche Messwerte der sechs Interferometer, welche anhand eines ersten Funktionsmusters mit einer tiefgezogenen und polierten Referenzhalbkugel aus Edelstahl [Bal20] ermittelt werden konnten.

Die Referenzhalbkugel und der Träger der Kompaktinterferometer sollten als Teil des metrologischen Rahmens die höchste langfristige Dimensionsstabilität aufweisen. Zu diesem Zweck wurden FEM-gestützte Konstruktionsoptimierungen einschließlich Geometrie- und Materialvariationen durchgeführt. Diese bilden die Basis weitergehender Optimierungen des Gesamtaufbaus.

Eine Voraussetzung der langfristigen Dimensionsstabilität wird durch die Gestalt des statischen und des bewegten metrologischen Rahmens erfüllt. Die für den Funktionsnachweis verwendete tiefgezogene Edelstahlhalbkugel ist jedoch durch eine Referenzhalbkugel zu ersetzen, welche eine höhere langfristige Dimensionsstabilität, geringere Formabweichungen und eine bessere Oberflächengüte aufweist. Hierfür zeigen die Fertigungsvarianten einer Referenzhalbkugel aus Quarzglas oder Zerodur mittels Urformen und anschließender Bearbeitung der optischen Fläche durch Trennverfahren bzw. die in Kapitel 2.4 beschriebene Nanostrukturierung für eine metallische Referenzhalbkugel ein hohes Potential [Cor19; Fra19; LT 19; Opt19; Ray19; Sch19]. Wie im Rahmen der vorliegenden Untersuchungen gezeigt, sind die verwendeten Fabry-Pérot-Interferometer für Messungen auf der gekrümmten Innenfläche der Referenzhalbkugel sowohl für die im Bereich der Interferometerwellenlänge $\lambda_{fa} = 1530\,\mathrm{nm}$ stark reflektierenden Spiegelflächen (z. B. Metall) als auch schwach reflektierenden Flächen (z. B. unbeschichtetes Glas) geeignet.

Neben der Materialvariation der Referenzhalbkugel ist für eine Erhöhung der langfristigen Dimensionsstabilität das Materialkriechen auf der Basis einer reduzierten elastischen Grundauslenkung durch beispielsweise eine Kraftreduktion der xy-Justagevorspannung zu erreichen. Die langfristige Dimensionsstabilität der Referenzhalbkugel kann mittels geeigneter konstruktiver Maßnahmen zur Ableitung der durch die rotatorischen Positioniersysteme eingetragenen Wärme erhöht werden. Für die Berücksichtigung von Temperaturänderungen sind Temperatursensoren an der Referenzhalbkugel und dem rotierenden Interferometerträger der Fabry-Pérot-Interferometer vorhanden.

Eine weitere Reduktion der Messunsicherheit der NMM-5D ist durch eine mess- und regelungstechnische Weiterentwicklung der kombinierten Messung der Positionierabweichungen des rotierenden Tools möglich. Die Messwerte der Toolverlagerung können im Rahmen einer kombinierten Regelung der translatorischen und rotatorischen Positioniersysteme der NMM-5D für die Korrektur bzw. Kompensation der Relativbewegungen zwischen Tool und Objekt verwendet werden.

Ein Ansatz für die Berücksichtigung des Einflusses der vorhandenen Orientierung der Fabry-Pérot-Interferometer und damit der Abweichungen von einem idealen kartesischen Koordinatensystem auf die Koordinatentransformation und Messunsicherheit besteht bspw. in einer messtechnischen Erfassung der Realgeometrie des Interferometerträgers und der montierten Interferometer mittels Koordinatenmessgerät.

Für die konstruktive Weiterentwicklung der NMM-5D ist die Entwicklung rotatorischer Positioniersysteme auf der Basis von Bewegungsumsetzern mit höheren Wiederholbarkeiten der Bahnabweichungen in Form von Radial-, Axial- und Taumelbewegungen sowie verringerten Einschränkungen des Bewegungsbereiches durch Gestaltanpassungen an die vorhandene Grundstruktur der NMM-1 in Betracht zu ziehen. Insbesondere für das Goniometer ergibt sich im Rahmen der vorliegenden rotatorischen Kinematikstruktur ein vergleichsweise hohes Entwicklungspotential.

Zusätzliche Ansätze für die Weiterentwicklung der NMM-5D bestehen in der Entwicklung eines geeigneten Toolwechselsystems höchster Reproduzierbarkeit für die kombinierte Fertigung und Messung von Nanostrukturen bzw. in der Integration von Tools, die sowohl für die Fertigung als auch für die Messung geeignet sind. Beginnende Untersuchungen zu entsprechenden Konzepten wurden im Rahmen des Graduiertenkollegs NanoFab durchgeführt [Kir+19; WT19].

A Anhang

A.1 Grundlagen der mehrwertigen Bewertungen von Tool- und Objektrotationen

Tabelle A.1: Repräsentative und relative Massen der Getriebestrukturelemente

Getriebestrukturelement	Durchschnittliche Masse $\bar{m_{Ge}}$ in kg	Relative Masse m_{Ge-rel}
Drehtisch (Drehgelenk mit Aktor)	2,37	1,00
Drehgelenk (ohne Aktor)	0,32	0,13
Goniometer	5,73	2,42
Hexapod	30,50	12,86
Tripod	20,00	8,43
Koppelelement	0,80	0,34
Führungselement (mit Aktor)	5,73	2,42

Tabelle A.2: Kennwerte der Bewertungskriterien der Getriebe(gesamt-)strukturen für Rotationen eines Tools in bis zu zwei Ebenen

Kinematik	Gelenkanzahl	Drehwinkel in der NMM-1 in °		Relative Masse $m_{Kin-rel}$
		kleinster $\varphi_{D-min}(x,z)$	mittlerer $\bar{\varphi_D}(x,z)$	
K1.1	1	15	15	1,0
K1.2	1	60	75	2,4
K1.3	2	70	80	2,1
K1.4	2	36	36	3,0
K1.5	2	60	75	5,2
K1.6	2	90	90	5,8
K1.7	3	46	46	3,4
K1.8	4	23	23	3,5
K1.9	4	15	15	2,4
K2.1a	2	60	75	3,8
K2.1b	2	70	80	3,1
K2.2a	2	70	80	3,4
K2.2b	2	90	90	2,7
K2.3a	2	60	75	5,2
K2.3b	2	70	80	5,2
K2.4	2	15	45	3,4
K2.5	3	60	75	6,2
K2.6	3	36	36	3,0
K2.7	1	15	15	2,0
K2.8	1	60	75	4,8
K2.9	0	10	10	8,4

A.2 Vollständige mehrwertige Bewertungen von Tool- und Objektrotationen

Tabelle A.3: Mehrwertige Bewertung der Getriebestrukturen für Rotationen eines Tools in einer Ebene

		Bewertungskriterium				$\sum$	**Rang**	**Techn. Wertigkeit in %**
		Anzahl der Gelenke (Komplexität)	Lage des Momentanpols	Relative Masse	Mittlerer Drehwinkel in der NMM-1			
Wichtung		3	5	2	6	16	-	-
gew. Pkt.		12	20	8	24	64	-	100
K1.3	Pkt.	3	4	2	4	13	1	89
	gew. Pkt.	9	20	4	24	57	1	
K1.2	Pkt.	4	4	2	3	13	1	84
	gew. Pkt.	12	20	4	18	54	2	
K1.5	Pkt.	3	4	0	3	10	3	73
	gew. Pkt.	9	20	0	18	47	3	
K1.6	Pkt.	3	2	0	4	9	4	67
	gew. Pkt.	9	20	0	18	47	4	
K1.4	Pkt.	3	2	2	1	8	5	45
	gew. Pkt.	9	10	4	6	29	6	
K1.1	Pkt.	4	0	4	0	8	5	31
	gew. Pkt.	12	0	8	0	20	8	
K1.7	Pkt.	2	2	1	2	7	7	47
	gew. Pkt.	6	10	2	12	30	5	
K1.9	Pkt.	1	2	2	0	5	8	27
	gew. Pkt.	3	10	4	0	17	7	
K1.8	Pkt.	1	0	1	1	3	9	17
	gew. Pkt.	3	0	2	6	11	9	

Tabelle A.4: Mehrwertige Bewertung der Getriebegesamtstrukturen für Rotationen eines Tools in zwei Ebenen

		Bewertungskriterium								
		Anzahl der Gelenke (Komplexität)	Lage des Momentanpols	Relative Masse	Mittlerer Drehwinkel in der NMM-1	Adressierbarkeit	Techn. Realisierbarkeit	∑	**Rang**	**Techn. Wertigkeit in %**
Wichtung		6	7	4	10	4	5	36	-	-
gew. Pkt.		24	28	16	40	16	20	144	-	100
K2.1a	Pkt.	3	3	2	3	4	4	19	1	78,5
	gew. Pkt.	18	21	8	30	16	20	113	1	
K2.2a	Pkt.	3	3	2	3	4	4	19	1	78,5
	gew. Pkt.	18	21	8	30	16	20	113	1	
K2.3a	Pkt.	3	4	0	3	4	4	18	3	77,8
	gew. Pkt.	18	28	0	30	16	20	112	3	
K2.2b	Pkt.	3	3	3	4	0	4	17	4	77,1
	gew. Pkt.	18	21	12	40	0	20	111	4	
K2.8	Pkt.	4	4	1	3	4	1	17	5	74,3
	gew. Pkt.	24	28	4	30	16	5	107	5	
K2.1b	Pkt.	3	3	2	3	0	4	15	7	67,4
	gew. Pkt.	18	21	8	30	0	20	97	6	
K2.3b	Pkt.	3	4	0	3	0	4	14	10	66,7
	gew. Pkt.	18	28	0	30	0	20	96	7	
K2.5	Pkt.	2	3	0	3	4	3	15	7	65,3
	gew. Pkt.	12	21	0	30	16	15	94	8	
K2.4	Pkt.	3	1	2	2	4	4	16	5	61,8
	gew. Pkt.	18	7	8	20	16	20	89	9	
K2.6	Pkt.	2	1	3	1	4	4	15	7	53,5
	gew. Pkt.	12	7	12	10	16	20	77	10	
K2.7	Pkt.	4	0	4	0	4	1	13	11	42,4
	gew. Pkt.	24	0	16	0	16	5	61	11	
K2.9	Pkt.	0	2	0	0	4	3	9	12	31,3
	gew. Pkt.	0	14	0	0	16	15	45	12	

A.3 Grundlagen der Unsicherheitsmodelle vorteilhafter Getriebegesamtstrukturen für Rotationen eines Tools in zwei Ebenen

Die nachfolgenden Grundlagen der Unsicherheitsmodelle vorteilhafter Getriebegesamtstrukturen für Rotationen eines Tools in zwei Ebenen entstanden in enger Zusammenarbeit mit Florian Weigert und in Kooperation mit Florian Fern für eine gemeinsame Veröffentlichung im Rahmen des 59. Ilmenauer Scientific Colloquiums im September 2017 mit dem Titel *A contribution to the implementation of ultraprecision rotations for multiaxial nanopositioning machines* [STW17].

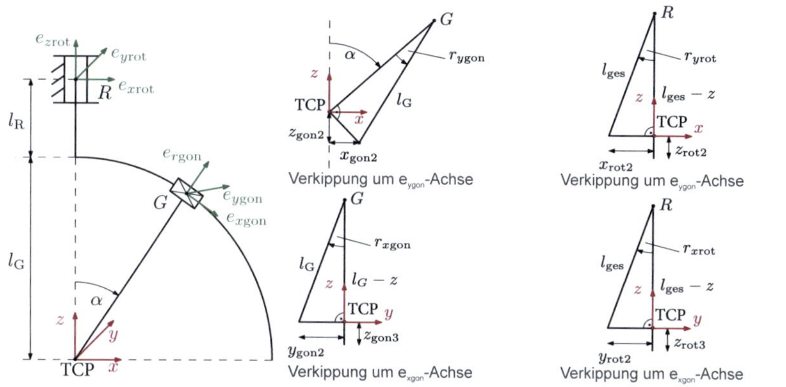

(a) Getriebegesamtstruktur von K2.1a (b) Verkippungen des Goniometers (c) Verkippungen des Drehtischs

Abbildung A.1: Geometrische Beziehungen für das Unsicherheitsmodell von kombinierten Getriebegesamtstrukturen aus Drehtisch und/oder Goniometer

GUM-Berechnungsgrundlagen für die Getriebegesamtstruktur 2.1a (Drehtisch + Goniometer) mit additiver Verknüpfung der Richtungsanteile $u_{x,y,z}$ zu u_{ges}:

Translatorische Abweichungen t des Goniometers:

$$u_{xgon1} = \sin(\alpha) \cdot t_{rgon} \tag{A.1}$$

$$u_{ygon1} = t_{ygon} \tag{A.2}$$

$$u_{xgon1} = \cos(\alpha) \cdot t_{rgon} \tag{A.3}$$

Verkippungen r des Goniometers um e_{ygon}:

$$u_{xgon2} = l_G \cdot \sin(r_{ygon}) \cdot \sin\left(\frac{\pi}{2} - \alpha\right) \tag{A.4}$$

$$u_{zgon2} = l_G \cdot \sin(r_{ygon}) \cdot \cos\left(\frac{\pi}{2} - \alpha\right) \tag{A.5}$$

Verkippungen r des Goniometers um e_{xgon}:

$$u_{ygon2} = l_G \cdot \sin(r_{xgon}) \tag{A.6}$$

$$u_{zgon3} = l_G \cdot (1 - \cos(r_{rgon})) \tag{A.7}$$

Translatorische Abweichungen t des Drehtischs:

$$u_{xrot1} = t_{xrot} \tag{A.8}$$

$$u_{yrot1} = t_{yrot} \tag{A.9}$$

$$u_{zrot1} = t_{zrot} \tag{A.10}$$

Verkippungen r des Drehtischs um e_{yrot}:

$$u_{xrot2} = (l_R + l_G) \cdot \sin(r_{yrot}) \tag{A.11}$$

$$u_{zrot2} = (l_R + l_G) \cdot (1 - \cos(r_{yrot})) \tag{A.12}$$

Verkippungen des Drehtischs um e_{xrot}:

$$u_{yrot2} = (l_R + l_G) \cdot \sin(r_{xrot}) \tag{A.13}$$

$$u_{zrot3} = (l_R + l_G) \cdot (1 - \cos(r_{xrot})) \tag{A.14}$$

In Verbindung mit den nachfolgend aus Datenblättern und Herstellerangaben bzw. Kalibrierprotokollen entnommenen Kennwerten können für jede Getriebegesamtstruktur aus den Getriebestrukturen zusammengesetzte Unsicherheitsbudgets mittels GUM berechnet und für einen Vergleich der Strukturvarianten genutzt werden. Durch eine Verringerung der Werte für den Unsicherheitsbeitrag bzw. die Halbbreite der Grenzen für r_{xrot}, r_{yrot} respektive r_{xgon}, r_{ygon} um den jeweiligen für die Abschätzung der Positionierwiederholbarkeiten eingeführten Faktor (fünf oder zehn) ergeben sich dementsprechend reduzierte kombinierte Standardmessunsicherheiten u_c des TCP-Versatzes (Wert). Nachfolgend sind die entsprechend ermittelten Basiswerte für den Faktor eins nach [Wei17] aufgeführt:

Tabelle A.5: Unsicherheitsbudget für die TCP-Position von K2.1a (Faktor 1)

Größe	Wert	Halbbreite der Grenzen	Verteilung	Unsicherheitsbeitrag	Sensitivität
$t_{x\mathrm{rot}}$	0,5 µm	0,1 µm	Rechteck	0,058 µm	0,002
$r_{y\mathrm{rot}}$	8 µrad	5 µrad	Rechteck	0,45 µm	0,144
l_G	78 mm	Konstante	-	-	-
l_R	78 mm	Konstante	-	-	-
α	0,3534 rad	26 µrad	Rechteck	−0,033 nm	$7{,}93 \cdot 10^{-3}$
$t_{r\mathrm{gon}}$	0,5 µm	0,1 µm	Rechteck	0,020 µm	$2{,}83 \cdot 10^{-4}$
$r_{y\mathrm{gon}}$	100 µrad	26 µrad	Rechteck	1,1 µm	0,854
	Wert	Komb. Standardmessunsicherheit			
u_x	9,24 µm	1,2 µm			
Größe	Wert	Halbbreite der Grenzen	Verteilung	Unsicherheitsbeitrag	Sensitivität
$t_{x\mathrm{rot}}$	0,5 µm	0,1 µm	Rechteck	0,058 µm	0,002
$r_{x\mathrm{rot}}$	8 µrad	5 µrad	Rechteck	0,45 µm	0,128
l_G	78 mm	Konstante	-	-	-
l_R	78 mm	Konstante	-	-	-
$t_{y\mathrm{gon}}$	0,5 µm	0,1 µm	Rechteck	0,058 µm	0,002
$r_{x\mathrm{gon}}$	100 µrad	26 µrad	Rechteck	1,2 µm	0,867
	Wert	Komb. Standardmessunsicherheit			
u_y	10,05 µm	1,3 µm			
Größe	Wert	Halbbreite der Grenzen	Verteilung	Unsicherheitsbeitrag	Sensitivität
$t_{z\mathrm{rot}}$	0,5 µm	0,1 µm	Rechteck	0,058 µm	0,02
$r_{y\mathrm{rot}}$	8 µrad	5 µrad	Rechteck	7,2 pm	$3{,}04 \cdot 10^{-10}$
l_G	78 mm	Konstante	-	-	-
l_R	78 mm	Konstante	-	-	-
α	0,3534 rad	26 µrad	Rechteck	0,11 nm	$6{,}7 \cdot 10^{-8}$
$t_{r\mathrm{gon}}$	0,5 µm	0,1 µm	Rechteck	0,054 µm	0,017
$r_{y\mathrm{gon}}$	100 µrad	26 µrad	Rechteck	0,41 µm	0,963
$r_{x\mathrm{gon}}$	100 µrad	26 µrad	Rechteck	0,12 nm	$8{,}0 \cdot 10^{-8}$
	Wert	Komb. Standardmessunsicherheit			
u_z	3,67 µm	0,41 µm			

A.4 Verfahrensdetails der UV-Nanoimprint Lithographie

Für die im Rahmen dieser Arbeit untersuchte UV-Nanoimprint Lithographie mit rotierendem Tool wurden folgende Prozessparameter unter Anwendung der seitens des Instituts Institut für Mikro- und Nano-Elektronik der TU Ilmenau vorhandenen Anlagen als zielführend identifiziert:

Beschichtung des Objektes mit Substrat

Für die Beschichtung wird ein EVG 101 Spray Coater verwendet [EV 19]. Bei nicht planaren Oberflächen, wie z. B. bei der hier verwendeten plankonvex Linse, ist eine Mehrlagenbeschichtung erforderlich, um eine bessere Homogenität zu erreichen. Vor Beginn des Spray-Coating-Prozesses erfolgt die Reinigung des Objektives mit Aceton und Isopropanol sowie die zehnminütige Lagerung bei 115 °C auf einer Heizplatte, um die Oberfläche der Linse von Feuchtigkeit zu befreien. Anschließend wird es mit dem Haftvermittler TI Prime [Mic19a] durch Spin-Coating bei 4000 min^{-1} beschichtet und erneut zwei Minuten bei 115 °C auf der Heizplatte getrocknet. Vor Beginn des Spray-Coating-Prozesses im Spray Coater wird die im Sprühbeschichtungsprozess verwendete Ultraschalldüse mit Aceton gereinigt. Dem schließt sich die Befüllung der Düsenpumpe des Spray Coaters mit Substrat an, in diesem Fall mit AMONIL MMS4 [AMO19]. Die Mindestmenge an Substrat für den Spray-Coating-Prozess beträgt 20 ml. Anschließend erfolgt die Programmierung des Spray Coaters. Aus vorhergehenden Untersuchungen unterschiedlicher Objektgeometrien konnten die geometriespezifischen, optimalen Parameter bestimmt werden. Für die Untersuchungen im Rahmen der vorliegenden Arbeit sind zwei Lagen Substrat aufzutragen, wobei für jede Schicht die Auftragsrate und der Düsendurchsatz verändert wird. Die HF-Leistung und die Schleuderdrehzahl betragen konstant 0,7 W bzw. 50 min^{-1}. Für die erste Schicht wird eine Auftragsrate von 6 µl/s und ein Düsendurchsatz von 180 dl/min verwendet. Nach dem Auftrag der ersten Lage erfolgt eine Lagerung der Linse für 15 s bei 100 °C. Die zweite Schicht wird mit einer Auftragsrate von 11 µl/s und einem Düsendurchsatz von 150 dl/min aufgetragen. Ein weiterhin wichtiger Parameter, der die Homogenität der Substratbeschichtung auf nicht ebenen Oberflächen beeinflusst, ist das Geschwindigkeitsprofil der Düse. Die Düsengeschwindigkeit ist bei dem EVG 101 in mehrere Indizes unterteilt, die die Düsengeschwindigkeit in verschiedenen Segmenten des Substrats definieren. In dieser Arbeit werden 7 von insgesamt 15 Indizes verwendet, die auf der Geometrie des Linsensubstrats basieren. Der Arbeitsmechanismus des Spray Coaters und die Effekte für die Variation der verschiedenen Spray Coater Parameter ist in [PBM06] beschrieben.

Dickenmessung der Substratschicht

Die Dicke der Substratschicht und ihre Homogenität sind entscheidende Parameter für den NIL-Prozess. Für die Messung der Substratschichtdicke auf den in dieser Arbeit untersuchten, vergleichsweise stark gekrümmten und großflächigen Oberflächen, sind zum Stand dieser Arbeit keine standardisierten Verfahren oder Geräte vorhanden. Die Substratschicht lieferte mit den vorzugsweise für planare Oberflächen genutzten Geräten unterschiedliche Ergebnisse. Es konnte daher die Schichtdecke lediglich innerhalb des zentralen Ringes der Strukturen (vgl. Abbildung 5.5c) untersucht werden. Mit dem 3D-Laserscanning Mikroskop (LSM, Olympus LEXT OLS4100) [OLY19] wurde die Schichtdicke an vier unterschiedlichen Punkten im messbaren Bereich zu 1,45 – 1,6 µm bestimmt. Die Verwendung des optischen Profilometers (Wyko NT9100) [Vee19] ergab hierfür eine mittlere Schichtdicke von 2,8 µm.

A.5 Werkstoffparameter

Tabelle A.6: Charakteristische mechanische und thermische Werkstoffeigenschaften für Konstruktionswerkstoffe mit Anwendungseignung in NPMM aus [Hau+11]

Werkstoff	Dichte ρ in kg/dm^3	Längenausdehnungskoeffizient α in $10^{-6} m/K$	Wärmeleitfähigkeit λ in $W/m/K$	spez. Wärmekapazität c in $J/kg/K$	E-Modul E in GPa
Aluminium	2,7	23,8	220	896	71
Aluminiumoxid	3,92	8,2	30	880	370
Astrositall	2,46	0 ±0,15	1,47	921	92
BK7	2,51	7,1	1,14	-	-
Clearceram-Z	2,55	0 ±0,02...0,1	1,51	-	90
Gabbro Impala	2,9	5...7	3,0	845	60...90
Hartmetall	2,9	5...7	3,0	845	60...90
Invar36	8,05	1,3	11	514	141
Kupfer/Beryllium	8,25	17	60...120	-	120...160
Nexcera	2,36	0,02	3,49	760	120
Polymerbeton	2,1...2,4	12...20	1,3...2,0	900...1100	30...40
Pyrex	2,23	3,25	1,13	775	62,8
Quarzglas	2,2	0,48	1,36	729	75
Rubin	3,99	5,4	36	755	430
S-LAH79	5,23	6,0	0,957	-	125,5
Saphir	3,99	5,4	36	755	430
Siliziumnitrid	3,2	3,3	40	750	320
Stahl	7,7	10,0	45	420	210
Super Invar 32-5	8,14	0,63	-	-	145
ULE	2,21	0 ±0,03	1,31	767	67,6
Zerodur	2,53	0 ±0,02... 0,1	1,46	800	90,3

Werkstoffparameter für die Approximation des Kriechfehlers $\varepsilon(t)$, bezogen auf die Grundauslenkung $\varepsilon(t = 0)$, für die ersten beiden Bereiche (parabolisch und logarithmisch) des Übergangskriechens (t < 500 h) nach:

$$\varepsilon(t) = a \ln(bt + 1) \tag{A.15}$$

Materialspezifische Werte für die Parameter a und b von Konstruktionswerkstoffen, die in NPMM Verwendung finden, aus [Hau+11]:

Tabelle A.7: Parameter der Fehlerkurven und Abweichungen nach t = 500h (*) bzw. mehreren Wochen (**) nach [Hau+11]

Werkstoff	**a in** 10^{-5}	**b in** $1/s$	$\varepsilon(t)\, in\, \%$
Molybdän-Maraging-Stahl*	4,8	0,1	0,058
Invar 36 (bzw. Aurodil 36)*	2,8	0,72	0,039
Silizium <111>*	3,4	0,016	0,035
Vitrokeramik*	104	0,02	1,09
Quarzglas**	-	-	0,1
Zerodur**	-	-	0,7
ULE**	-	-	< 0,1

A.6 Grundlagen der Plattendurchbiegung

Die Verformung in z-Richtung (Durchbiegung) $\omega(x, y)$ der an drei Punkten gelagerten, quadratischen Deckplatte lässt sich nicht vollständig analytisch beschreiben und wird daher als eine über Eck gelenkig gelagerte Platte mit konstanter Flächenlast $\vec{p_0}$ beschrieben. Für die Flächenlast kann alternativ auch die (Gewichts-)kraft in der Plattenmitte $(a/2)$ festgelegt werden. Die Herleitung der Plattendurchbiegung unter Anwendung des Ritz-Verfahrens entspricht den Ansätzen aus [Fer16], zuzüglich Fehlerkorrektur in Verbindung mit [Bög06; Gro+07; Sza01]:

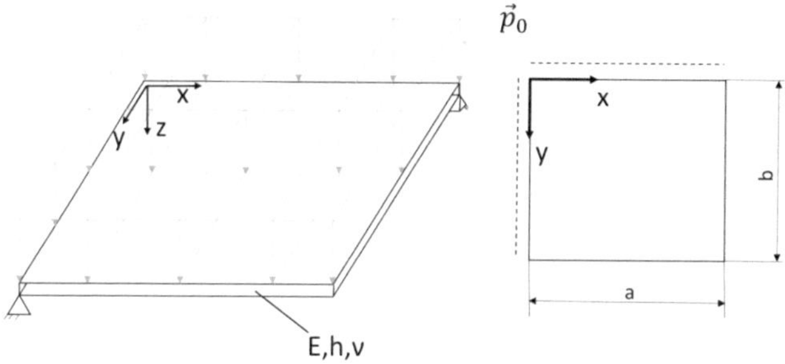

Abbildung A.2: Durchbiegung einer über Eck gelenkig gelagerten Rechteckplatte mit konstanter Flächenlast nach [Fer16]

Mit den Ansatzfunktionen $\Phi_1(x, y)$ und $\Phi_2(x, y)$ für die Durchbiegung, wobei Φ_1 alle und $\Phi_2(0, y) = 0$ sowie $\Phi_2(x, 0) = 0$ erfüllt:

$$\omega(x, y) = xya_1 + x^2y^2a_2 = \Phi_1 + \Phi_2 \tag{A.16}$$

Die zugehörigen Parameter a_1 und a_2 können mit Hilfe der Ansatzfunktionen aus dem folgendem Gleichungssystem bestimmt werden:

$$\begin{pmatrix} \frac{1}{4}pa^2b^2 \\ \frac{1}{9}pa^3b^3 \end{pmatrix} = \begin{pmatrix} K(-2+2\nu)ab & -2K(1-\nu)a^2b^2 \\ -2K(1-\nu)a^2b^2 & \frac{4}{5}Kab^5 + \frac{1}{9}K(-16+24\nu)a^3b^3 + \frac{4}{5}Ka^5b \end{pmatrix} \begin{pmatrix} a_1 \\ a_2 \end{pmatrix} \tag{A.17}$$

Für die quadratische Deckplatte der NMM-1 ($a = b$) ergibt sich folglich unter Einbezug der Plattensteifigkeit K und Invertierung der K-Matrix:

$$\begin{pmatrix} a_1 \\ a_2 \end{pmatrix} = \begin{pmatrix} -\frac{3a^2p(20a^4\nu^2+28a^4\nu-a^4)}{(15a^4\nu+41a^4)h^3E} \\ \frac{75\cdot pa^4(\nu^2-1)}{2\cdot(15a^4\nu+41a^4)h^3E} \end{pmatrix} \tag{A.18}$$

A.7 Modellgrundlagen der FEM-Simulationen

Als Grundlage für die ausführlichen FEM-Simulationen werden die in Tabelle A.8 aufgeführten Kennwerte verwendet.

Tabelle A.8: Struktur- und Materialkennwerte als Basis der FEM-Simulationen

Struktur- und Materialeigenschaften der FEM-Simulationen						
Eigenschaft	Material					Einheit
	Al (EN AW 7075)	Zerodur	SiC	Pyrex	Invar 36	
Dichte (ρ)	2,77	2,53	3,20	2,23	8,00	$10^3 kgm^{-3}$
Elastizitätsmodul (E)	71	90,3	414	64	145	$10^9 Pa$
Poissonzahl (υ)	0,33	0,24	0,14	0,2	0,29	-
Länge der Deckplatte (a)	245					mm
Kombinierte Masse der Positioniersysteme (m_{Po})	6,6					kg

Ausgangspunkt für die Untersuchungen der Plattendurchbiegung bei unterschiedlicher Orientierung des Goniometers WT-90, Plattendicken- und Materialvariation sowie Modalanalysen der Geometrie- und Materialvariationen ist der in Abbildung A.3 dargestellte Modellaufbau.

Für die Analyse der Amplituden und des Frequenzganges nach einer harmonischen Anregung wird dieses Modell um drehende Kräfte (Unwucht) im Bereich der Motoren des Drehtisches L-611 und Goniometers WT-90 nach Empfehlungen aus [Phy18] erweitert (vgl. Abbildung A.4).

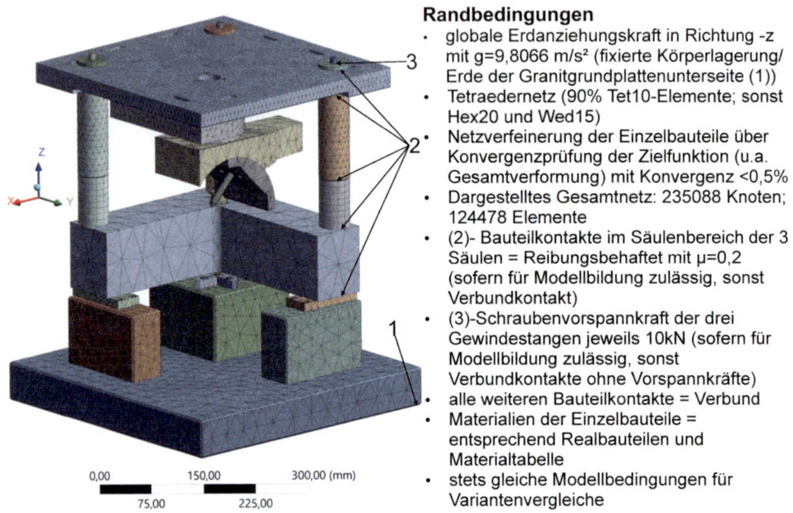

Abbildung A.3: Randbedingungen des Ausgangsmodells der FEM-Simulationen

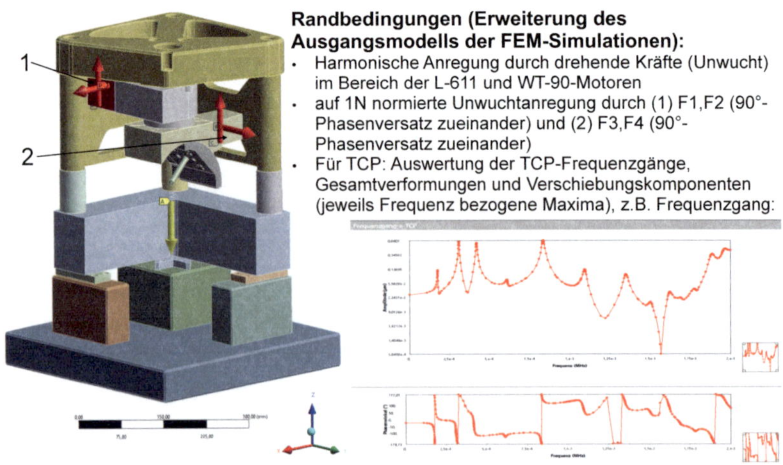

Abbildung A.4: Randbedingungen der harmonischen FEM-Analysen

		Referenzdesign			Deckplatten-optimierung V4b			Deckpl. V4b + Säulenoptimierung		
		Bewegung			Bewegung			Bewegung		
		WT-90	L-611	beide	WT-90	L-611	beide	WT-90	L-611	beide
max. Amplitude in μm	TCP_x	2,429	2,370	2,662	1,248	1,307	2,070	0,810	0,836	0,861
	TCP_y	2,474	2,154	2,836	1,301	1,238	2,042	0,779	0,819	0,954
	TCPz	1,658	0,839	2,337	0,537	0,449	0,964	0,625	0,330	0,876
max. statische Verlagerung ω in μm	TCP_{komb}	5,073			1,691			1,746		
	TCP_x	1,098			0,425			0,465		
	TCP_y	2,901			0,702			1,071		
	TCP_z	4,014			1,478			1,298		
max. Amplitude in % (Bezug zu Referenzdesign)	TCP_x	100			51,402	55,176	77,760	33,334	35,301	32,334
	TCP_y				52,583	57,464	71,995	31,503	38,010	33,657
	TCP_z				32,367	53,568	41,256	37,668	39,308	37,478
max. Verlagerung in % (Bezug zu Referenzdesign)	TCP_{comb}	100			33,33			34,42		
	TCP_x				38,74			42,39		
	TCP_y				24,21			36,92		
	TCP_z				36,82			32,34		
Masse (Deckplatte + Säulen) in *kg*		10,032			10,068			12,510		

Abbildung A.5: Statische- und dynamische Analyse von Gestaltvarianten nach harmonischer Anregung durch die Motoren des Drehtisches L-611, Goniometers WT-90 oder beider Positioniersysteme

A.8 FEM-Analysen des metrologischen Rahmens

Ausgangspunkt für die FEM-Untersuchungen der statischen und dynamischen Verformungen der Referenzhalbkugel bei Geometrie- und Materialvariation dieser sind die in Anhang A.6 beschriebenen Materialparameter und der in Abbildung A.6 dargestellte Modellaufbau:

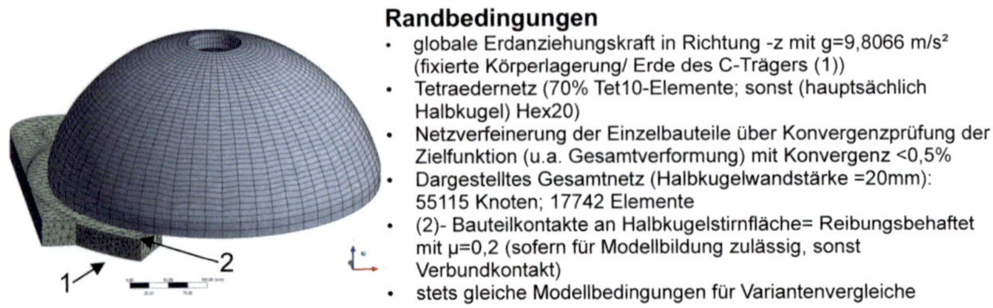

Abbildung A.6: Ausgangsmodells der FEM-Referenzhalbkugeluntersuchungen

Es werden die in Abbildung A.7 gezeigten Eigenformen der jeweiligen Eigenfrequenzen beobachtet.

Sofern die Reduktion der Masse der Referenzhalbkugel, wie beispielsweise für deren Justage, bei gleichzeitig minimierter Gesamtverformung der Referenzhalbkugel Ziel einer Gestaltoptimierung ist, sind hierfür variable Wandstärken mit Verstärkungen im Bereich der Halbkugelaufstandsfläche in Betracht zu ziehen (vgl. Abbildung A.8).

Für die Geometrie- und Materialvariationen sind die mechanisch induzierten Verformungen und zugehörigen Eigenfrequenzen in den Abbildungen A.9 - A.13 enthalten.

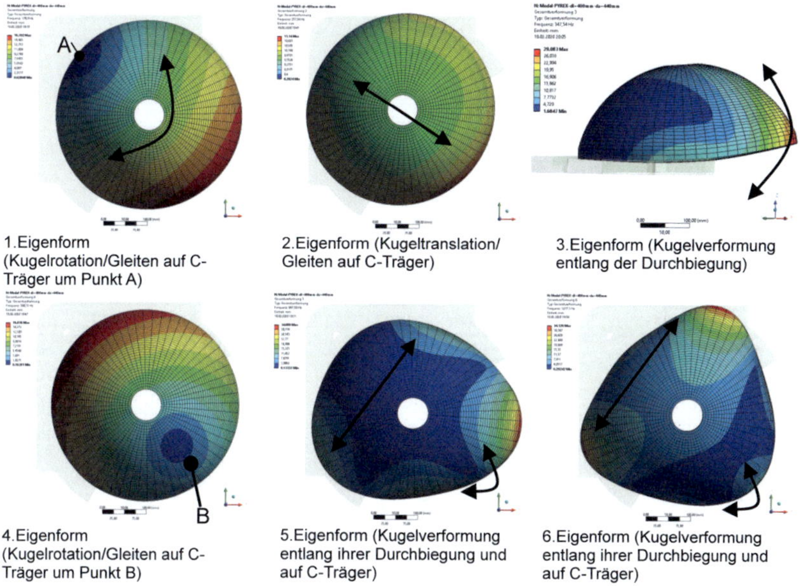

Abbildung A.7: Eigenformen der Referenzhalbkugel am Beispiel einer Halbkugel aus Borsilikatglas (Pyrex) mit $d_{i-HK} = 400$ mm und 20 mm Wandstärke

Abbildung A.8: Topologieoptimierung der Referenzhalbkugel (Massereduzierung bei minimaler Gesamtverformung)

Eigenschaften	Material							Einheit
	Al (EN AW 7075)							
Dichte (ρ)	2,77							$10^3 kgm^{-3}$
Elastizitätsmodul (E)	71							$10^9 Pa$
Poissonzahl (υ)	0,33							-
Innendurchmesser (d_{i-HK})	400							mm
Außendurchmesser (d_{a-HK})	420	440	440	415-450	420-464	460	480	mm
Wandstärke (Δr_{HK})	10	20	20	7,5-25	10-32	30	40	mm
Lasche an Stirnseite	-	-	x	x	x	-	-	-
Topologieoptimierung	-	-	-	-	x	-	-	-
Halbkugelmasse (m_{HK})	5,7751	12,401	13,924	13,873	13,901	19,645	27,656	kg
Verformungen $w(HK)_{max}$	8,7439	3,8096	2,5127	2,1199	1,7077	1,5965	1,2267	µm
1. Eigenfrequenz	137,4	165,53	251,8	276,83	390,01	305,08	335,23	Hz
2. Eigenfrequenz	206,42	239,3	306,26	329,78	493,93	360,71	388,94	Hz
3. Eigenfrequenz	236,9	319,68	385,13	404,47	586,89	483,97	513,6	Hz

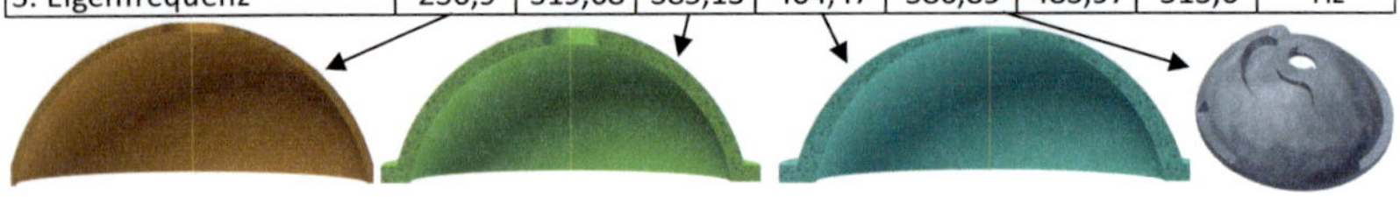

Abbildung A.9: Mechanisch induzierte Verformungen bei Geometrievariation der Aluminium-Referenzhalbkugel

Eigenschaften	Material							Einheit
	Zerodur							
Dichte (ρ)	2,53							$10^3 kgm^{-3}$
Elastizitätsmodul (E)	90,3							$10^9 Pa$
Poissonzahl (υ)	0,24							-
Innendurchmesser (d_{i-HK})	400							mm
Außendurchmesser (d_{a-HK})	420	440	440	415-450	420-464	460	480	mm
Wandstärke (Δr_{HK})	10	20	20	7,5-25	10-32	30	40	mm
Lasche an Stirnseite	-	-	x	x	x	-	-	-
Topologieoptimierung	-	-	-	-	x	-	-	-
Halbkugelmasse (m_{HK})	5,2748	11,327	12,718	12,671	12,697	17,943	25,26	kg
Verformungen $w(HK)_{max}$	5,9835	2,6276	1,8005	1,5185	1,221	1,1231	0,86364	µm
1. Eigenfrequenz	166,37	199,79	296,67	328,35	458,62	365,58	404,28	Hz
2. Eigenfrequenz	250,85	284,91	359,85	389,99	583,02	426,37	461,56	Hz
3. Eigenfrequenz	285,18	384,26	455,83	478,66	685,25	569,84	606,82	Hz

Abbildung A.10: Mechanisch induzierte Verformungen bei Geometrievariation der Zerodur-Referenzhalbkugel

Eigenschaften	Material							Einheit
	SiC							
Dichte (ρ)	3,20							$10^3 kgm^{-3}$
Elastizitätsmodul (E)	414							$10^9 Pa$
Poissonzahl (υ)	0,14							-
Innendurchmesser ($d_{i\text{-}HK}$)	400							mm
Außendurchmesser ($d_{a\text{-}HK}$)	420	440	440	415-450	420-464	460	480	mm
Wandstärke (Δr_{HK})	10	20	20	7,5-25	10-32	30	40	mm
Lasche an Stirnseite	-	-	x	x	x	-	-	-
Topologieoptimierung	-	-	-	-	x	-	-	-
Halbkugelmasse (m_{HK})	6,6716	14,326	16,086	16,027	16,059	22,694	31,949	kg
Verformungen $w(HK)_{max}$	1,6411	0,55987	0,55476	0,50242	0,37857	0,3622	0,29175	µm
1. Eigenfrequenz	299,33	508,59	523,43	541,8	761,76	611,01	632,65	Hz
2. Eigenfrequenz	422,9	597,44	606,74	631,8	1008,6	684,39	715,08	Hz
3. Eigenfrequenz	495,99	806,83	790,42	789	1054,7	901,82	939,11	Hz

Abbildung A.11: Mechanisch induzierte Verformungen bei Geometrievariation der SiC-Referenzhalbkugel

Eigenschaften	Material							Einheit
	Pyrex							
Dichte (ρ)	2,23							$10^3 kgm^{-3}$
Elastizitätsmodul (E)	64							$10^9 Pa$
Poissonzahl (υ)	0,2							-
Innendurchmesser ($d_{i\text{-}HK}$)	400							mm
Außendurchmesser ($d_{a\text{-}HK}$)	420	440	440	415-450	420-464	460	480	mm
Wandstärke (Δr_{HK})	10	20	20	7,5-25	10-32	30	40	mm
Lasche an Stirnseite	-	-	x	x	x	-	-	-
Topologieoptimierung	-	-	-	-	x	-	-	-
Halbkugelmasse (m_{HK})	4,6493	9,9834	11,21	11,169	11,191	15,815	22,264	kg
Verformungen $w(HK)_{max}$	7,2324	3,2093	2,2154	1,8701	1,5034	1,369	1,0572	µm
1. Eigenfrequenz	151,84	179,9	267,43	295,81	413,18	331,61	364,56	Hz
2. Eigenfrequenz	228	257,54	327,65	353,98	524,97	390,42	421,13	Hz
3. Eigenfrequenz	260,94	347,54	410,54	430,66	616,45	524,7	557,17	Hz

Abbildung A.12: Mechanisch induzierte Verformungen bei Geometrievariation der Pyrex-Referenzhalbkugel

Eigenschaften	Material Invar 36							Einheit
Dichte (ρ)	8,00							$10^3 kgm^{-3}$
Elastizitätsmodul (E)	145							$10^9 Pa$
Poissonzahl (υ)	0,29							-
Innendurchmesser (d_{i-HK})	400							mm
Außendurchmesser (d_{a-HK})	420	440	440	415-450	420-464	460	480	mm
Wandstärke (Δr_{HK})	10	20	20	7,5-25	10-32	30	40	mm
Lasche an Stirnseite	-	-	x	x	x	-	-	-
Topologieoptimierung	-	-	-	-	x	-	-	-
Halbkugelmasse (m_{HK})	16,679	35,815	40,214	40,066	40,148	56,736	79,872	kg
Verformungen $w(HK)_{max}$	12,256	5,2821	3,6	3,13	2,4956	2,2964	1,7482	µm
1. Eigenfrequenz	113,3	142,14	210,04	226,55	313,79	254,3	284,71	Hz
2. Eigenfrequenz	171,9	199,98	249,52	265,89	408,33	291,5	318,54	Hz
3. Eigenfrequenz	189,96	271,33	322,34	329,7	453,5	385,69	414,52	Hz

Abbildung A.13: Mechanisch induzierte Verformungen bei Geometrievariation der Invar36-Referenzhalbkugel

Abbildungsverzeichnis

Tabellenverzeichnis

Literaturverzeichnis

[Abb90] Ernst Abbe. "Meßapparate für Physiker". In: *Zeitschrift für Instrumentenkunde* (10 1890), S. 446–448.

[Aer18] Aerotech Inc. *HexGen HEX500-350HL Hexapod Six-DOF Positioning System.* 2018. URL: https://www.aerotech.com/product-catalog/hexapods/hexgen-hex500-350hl.aspx (besucht am 01. 09. 2019).

[Aer19a] Aerotech Inc. *AGC Goniometer-Serie.* 2019. URL: https://www.aerotechgmbh.de/produktkatalog/goniometer/agc.aspx?p=%2fproduktkatalog%2fgoniometer.aspx%3f (besucht am 25. 08. 2019).

[Aer19b] Aerotech Inc. *AMG Kardanring.* 2019. URL: https://www.aerotechgmbh.de/produktkatalog/gimbals-kardanische-aufhaengungen/amg.aspx?p=%2fproduktkatalog%2fgimbals-kardanische-aufhaengungen.aspx (besucht am 25. 08. 2019).

[ALI18] ALIO Industries. *THE ALL-NEW MINI HYBRID HEXAPOD. Precision, Performance, and Quality.* 2018. URL: https://www.alioindustries.com/datasheets/hybrid-hexapods-parallel-kinenatic-motion-systems (besucht am 02. 09. 2019).

[AME19a] AMETEK Taylor Hobson. *LuphoScan 260-420 HD - Ultra-precision non-contact 3D form measurement of aspheric surfaces.* Hrsg. von AMETEK.Inc. 2019. URL: https://www.taylor-hobson.com.de/products/non-contact-3d-optical-profilers/luphos/luphoscan-260-420-hd (besucht am 14. 11. 2019).

[AME19b] AMETEK.Inc. - Precitech. *Nanoform 250 ultra grind - Ultra Precision Machining System.* 2019. URL: https://www.ametekupt.com/products/precitech/nanoform-250-ultra-grind (besucht am 16. 11. 2019).

[AMO19] AMO GmbH. *AMONIL Hochleistungs UV Nanoimprint Resis. Datenblatt.* 2019. URL: https://www.amo.de/de/products-services/amonil/ (besucht am 14. 01. 2020).

[Ash17] Michael F. Ashby. *Materials selection in mechanical design.* eng. Fifth edition. Oxford: Butterworth-Heinemann an imprint of Elsevier, 2017. 646 S. ISBN: 9780081005996.

[Att18] Attocube Systems-AG. *IDS3010 Interferometric Displacement Sensor.* 2018. URL: https://www.attocube.com/en/products/laser-displacement-sensor/displacement-measuring-interferometer (besucht am 10. 02. 2020).

[Att19a] Attocube Systems-AG. *ANR101-RES-LT-HV. rotator with vertical rotation axis.* 2019. URL: https://www.attocube.com/en/products/nanopositioners/low-temperature-nanopositioners/anr101reslthv-rotator-360-endless (besucht am 25. 08. 2019).

[Att19b] Attocube Systems-AG. *Your partner in nanoscale applications: attocube systems is the partner of choice for cutting-edge nanotechnology solutions for research and industry applications all over the world.* 2019. URL: https://www.attocube.com/de (besucht am 19. 08. 2019).

[Bal20] Ball Tech Kugeltechnik GmbH. *Polierte Hohlkugeln, Halbhohlkugeln und Massivkugeln aus Edelstahl, Messing, Aluminium und Kupfer mit Durchmessern von 30-1500 mm.* 2020. URL: https://www.ball-tech.de/%C3%BCberblick/ (besucht am 02. 03. 2020).

[BH10] Franziska Bernhart und M. Hennes. *Weitwinkelreflektorsysteme. Optische Messtechnik für Anwendungen im Maschinenbau.* Karlsruhe Institut für Technologie. 2010. URL: www.kit.edu (besucht am 18. 01. 2020).

[BIP17] BIPM - Bureau International des Poids et Mesures, Hrsg. *International vocabulary of metrology – Basic and general concepts and associated terms.* Version 3. 29. Apr. 2017. URL: https://www.bipm.org/en/about-us/ (besucht am 07. 01. 2020).

[BJ14] Felix Balzer und Gerd Jäger. "Entwicklung und Untersuchungen zur 3-D-Nanopositioniertechnik in großen Bewegungsbereichen". ger. Balzer, Felix (VerfasserIn) Jäger, Gerd (AkademischeR BetreuerIn) Hausotte, Tino (GutachterIn) Tutsch, Rainer (GutachterIn). Dissertation. Technische Universität Ilmenau, 2014. URL: http://d-nb.info/1084125862/34.

[BK05] Uwe Brand und Juergen Kirchhoff. "A micro-CMM with metrology frame for low uncertainty measurements". In: *Measurement Science and Technology* 16 (12 2005), S. 2489–2497. ISSN: 0957-0233. DOI: 10.1088/0957-0233/16/12/013.

[Blo+14] Gernot Blobel, Axel Wiegmann, Susanne Quabis, Michael Schulz, Andreas Müller und Eberhard Manske. "Entwicklung von Normalen für die Charakterisierung von Asphären-Messgeräten". In: *DGaO-Proceedings/ Deutsche Gesellschaft für Angewandte Optik* (115 2014),

A31. URL: https://www.dgao-proceedings.de/download/115/115_a31.pdf (besucht am 13. 08. 2019).

[Bög06] Alfred Böge. *Technische Mechanik. Statik - Dynamik - Fluidmechanik - Festigkeitslehre ; mit 15 Tabellen, 21 Arbeitsplänen, 16 Lehrbeispielen und 40 Übungen.* ger. 27., überarb. Aufl. Viewegs Fachbücher der Technik. Wiesbaden: Vieweg, 2006. ISBN: 3-8348-0115-1. URL: http://dx.doi.org/10.1007/978-3-8348-9093-1.

[Car19] Carl Zeiss Industrielle Messtechnik GmbH. *Zeiss Xenos Koordinatenmessgerät.* 2019. URL: https://www.zeiss.de/messtechnik/produkte/systeme/koordinatenmessgeraete/portalmessgeraete/xenos.html (besucht am 09. 11. 2019).

[CHa+] C.Hahm, R.Theska, A.Fehringer und A.Kästner. "Qualification of the endurance strength enhancement of silane coated concrete parts". In: *Measurement science and technology* 2018 (Volume 29, Number 10), Seite 104003–104012. URL: https://iopscience.iop.org/article/10.1088/1361-6501/aad6c1 (besucht am 12. 01. 2020).

[Cha+05] Jer-Haur Chang, Fang-Sung Cheng, Chi-Chung Chao, Yung-Chun Weng, Sen-Yeu Yang und Lon A. Wang. "Direct imprinting using soft mold and gas pressure for large area and curved surfaces". In: *Journal of Vacuum Science & Technology A: Vacuum, Surfaces, and Films* 23 (6 2005), S. 1687–1690. ISSN: 0734-2101. DOI: 10.1116/1.2073447.

[Che+08] Yung-Pin Chen, Yuet-Ping Lee, Jer-Haur Chang und Lon A. Wang. "Fabrication of concave gratings by curved surface UV-nanoimprint lithography". In: *Journal of Vacuum Science & Technology B: Microelectronics and Nanometer Structures* 26 (5 2008), S. 1690. ISSN: 10711023. DOI: 10.1116/1.2968702.

[Cor19] Corning Incorporated. *Fertigungsmöglichkeiten eines halbsphärischen Hohlspiegels durch Corning: Strategiegespräche.* 2019. URL: www.corning.com/emea/de.html (besucht am 04. 09. 2019).

[Cui08] Zheng Cui. *Nanofabrication. Principles, Capabilities and Limits.* Boston, MA: Springer US, 2008. ISBN: 978-0-387-75576-2. DOI: 10.1007/978-0-387-75577-9.

[Den18] Denis Dontsov. *Informationen zu Lasertracking-Systemen und Eigenschaften von Kugelreflektoren in Verbindung mit Laserinterferometern der SIOS Meßtechnik GmbH.* Unter Mitarb. von Ralf Schienbein. Gesprächsprotokolle. Gespräche bei der SIOS Messtechnik GmbH. Ilmenau, 2018.

[Deu00] Deutsches Institut für Normung e. V., Hrsg. *Industrieroboter - Koordinatensysteme und Bewegungsnomenklaturen.* DIN EN. Version 9787. Berlin: Beuth Verlag GmbH, 1. Juli 2000. URL: www.din.de.

[DF14] Hans Dresig und Alexander Fidlin. *Schwingungen mechanischer Antriebssysteme. Modellbildung, Berechnung, Analyse, Synthese.* ger. 3., überarb. u. erw. Aufl. Berlin: Springer Vieweg, 2014. 651 S. ISBN: 978-3-642-24116-1. DOI: 10.1007/978-3-642-24117-8. URL: http://dx.doi.org/10.1007/978-3-642-24117-8.

[DFG17] DFG. *Liste der laufenden Graduiertenkollegs. Graduiertenkolleg 2182 Spitzen- und laserbasierte 3D-Nanofabrikation in ausgedehnten makroskopischen Arbeitsbereichen.* Hrsg. von Deutsche Forschungegemeinschaft. 2017. URL: https://www.dfg.de/gefoerderte_projekte/programme_und_projekte/listen/projektdetails/index.jsp?id=274711337 (besucht am 13. 08. 2019).

[DHR11] Hans Dresig, Franz Holzweißig und L. Rockhausen. *Maschinendynamik.* ger. 10., neu bearb. Aufl. Berlin, Heidelberg: Springer-Verlag Berlin Heidelberg, 2011. ISBN: 978-3-642-16009-7. DOI: 10.1007/978-3-642-16010-3. URL: http://site.ebrary.com/lib/alltitles/docDetail.action?docID=10464226.

[Dow19] Dow Chemical Company. *PDMS-Stempel Grundmaterial: SYLGARD-184 Silicone Elastomer Kit. Datenblatt.* 2019. URL: https://www.dow.com/en-us/pdp.sylgard-184-silicone-elastomer-kit.01064291z.html (besucht am 14. 01. 2020).

[DR 19] DR. JOHANNES HEIDENHAIN GmbH. *Mess- und Steuerungstechnik für anspruchsvolle Positionierungsaufgaben.* 2019. URL: https://www.heidenhain.de/de_DE/ (besucht am 21. 08. 2019).

[Edm19] Edmund Optics GmbH. *Techspec Multi-Element Outer Tube-30mm Länge, #37-901. Datenblatt.* 2019. URL: https://www.edmundoptics.de/p/30mm-length-outer-tube/40757/ (besucht am 14. 01. 2020).

[Erb+13] Torsten Erbe, René Theska, Christian Weber und Kristin Paetzold. *Beitrag zur systematischen Aktor- und Aktorprinzipauswahl im Entwicklungsprozess.* @Ilmenau, Techn. Univ., Diss., 2013. ger. Bd. 23. Berichte aus dem Institut für Maschinen- und Gerätekonstruktion (IMGK). Theska, René (Doktorvater) Weber, Christian (Gutachter) Paetzold, Kristin (Gutachter). Ilmenau und Ilmenau: Univ.-Verl. Ilmenau und Univ.-Bilbiothek, 2013. 90 S. ISBN: 978-3-86360-060-0. URL: http://www.db-thueringen.de/servlets/DocumentServlet?id=21895.

[Eta20] Etalon GmbH. *LaserTRACER-NG. Submikrometergenauer Systemaufbau zur Verifizierung und Kalibrierung von Linear- und Drehachsen.* Hrsg. von Hexagon. 2020. URL: `https://www.etalon-gmbh.com/produkte/lasertracer/` (besucht am 29. 01. 2020).

[EV 19] EV Group Europe & Asia/Pacific GmbH. *EVG101 Advanced Resist Processing System. Datenblatt.* 2019. URL: `https://www.evgroup.com/de/produkte/lithographie/resist-processing-systems/evg101/` (besucht am 14. 01. 2020).

[Fan+06] K. C. Fan, Y. T. Fei, X. F. Yu, Y. J. Chen, W. L. Wang, F. Chen und Y. S. Liu. "Development of a low-cost micro-CMM for 3D micro/nano measurements". In: *Measurement Science and Technology* 17 (3 2006), S. 524–532. ISSN: 0957-0233. DOI: `10.1088/0957-0233/17/3/S12`.

[FAN19] FANUC Corporation. *FANUC ROBONANO Baureihe. Ultra precision, enhanced ease of use and sustainability.* FANUC Corporation. 2019. URL: `https://www.fanuc.eu/de/de/robonano` (besucht am 17. 11. 2019).

[Far+11] Bahador Farshchian, Alborz Amirsadeghi, Steven M. Hurst, Jiahao Wu, Jaejong Lee und Sunggook Park. "Soft UV-nanoimprint lithography on non-planar surfaces". In: *Microelectronic Engineering* 88 (11 2011), S. 3287–3292. ISSN: 01679317. DOI: `10.1016/j.mee.2011.07.010`.

[Fer+18a] Florian Fern, Roland Füßl, Ralf Schienbein und René Theska, Hrsg. *Influence of additional rotational movements on the measurement uncertainty of nanomeasuring, nanopositioning and nanofabrication machines.* Sensors and Measuring Systems; 19th ITG/GMA-Symposium. Sensors and Measuring Systems; 19th ITG/GMA-Symposium. 2018. 1-4.

[Fer+18b] Florian Fern, Roland Füßl, Ralf Schienbein und René Theska. *Ultra precise motion error measurement of rotation kinematics for the integration in nanomeasuring and nanofabrication machines. Proceedings of the Annual Meeting of the American Society for Precision Engineering.* Hrsg. von American Society for Precision Engineering. 2018.

[Fer+19] Florian Fern, Ralf Schienbein, René Theska, Roland Füßl, Michael Kühnel, Laura Weidenfeller und Eberhard Manske. "In-situ-Messung von Bewegungsabweichungen serieller Rotationsachsen zur Anwendung in Nanomessmaschinen / In situ error measurement of serial rotational devices for the application in nano coordinate measuring machines". In: *tm - Technisches Messen* 86 (s1 2019), S. 77–81. ISSN: 2196-7113. DOI: 10.1515/teme-2019-0040.

[Fer16] Florian Fern. *Analytische und numerische Untersuchungen zu Durchbiegungen und Schwingungen von 2d-Kontinua.* Hrsg. von Carsten Behn. Bachelorarbeit. Ilmenau, 2016.

[Fer20] Florian Fern. "(vsl.) Metrologie in fünfachsigen Nanomess- und Nanopisitioniermaschinen". Institut für Prozessmess- und Sensortechnik. Dissertation. Ilmenau: Technische Universität Ilmenau, 2020.

[FG13] Jörg Feldhusen und Karl-Heinrich Grote, Hrsg. *Pahl/Beitz Konstruktionslehre. Methoden und Anwendung erfolgreicher Produktentwicklung.* ger. 8., vollständig überarbeitete Auflage. Feldhusen, Jörg (HerausgeberIn) Grote, Karl-Heinrich (HerausgeberIn). Berlin und Heidelberg: Springer Vieweg, 2013. 883577 S. ISBN: 978-3-642-29569-0. URL: http://dx.doi.org/10.1007/978-3-642-29569-0.

[Fra19] Fraunhofer-Institut für Angewandte Optik und Feinmechanik IOF. *Fertigungsmöglichkeiten eines halbsphärischen Hohlspiegels am IOF: Strategiegespräche.* 2019. URL: http://www.iof.fraunhofer.de (besucht am 11.08.2019).

[GBG18] Karl-Heinrich Grote, Beate Bender und Dietmar Göhlich, Hrsg. *Dubbel - Taschenbuch für den Maschinenbau.* ger. Grote, Karl-Heinrich (HerausgeberIn) Bender, Beate (HerausgeberIn) Göhlich, Dietmar (HerausgeberIn) Dubbel, Heinrich (BegründerIn eines Werks). Berlin: Springer Vieweg, 2018. 1 S. ISBN: 978-3-662-54804-2.

[GKM19] Roland Gomeringer, Roland Kilgus und Volker Menges. *Tabellenbuch Metall.* 48., neu bearbeitete und erweiterte Auflage. Europa-Fachbuchreihe für Metallberufe. 2019. 496 Seiten. ISBN: 380851728X.

[Gli+07] T. Glinsner, U. Plachetka, T. Matthias, M. Wimplinger und P. Lindner. "Soft UV-based nanoimprint lithography for large-area imprinting applications". In: Advanced Lithography (San Jose, CA). Hrsg. von Michael J. Lercel. SPIE Proceedings. SPIE, 2007, S. 651718. DOI: 10.1117/12.713026.

[Gro+07] Dietmar Gross, Werner Hauger, Walter Schnell und Peter Wriggers. *Technische Mechanik 4. Hydromechanik, Elemente der Höheren Mechanik, numerische Methoden.* ger. 6., vollst. neu bearbeitete Aufl. Springer-Lehrbuch. Berlin, Heidelberg: Springer-Verlag Berlin Heidelberg, 2007. ISBN: 9783540707370. DOI: 10.1007/978-3-540-70738-7. URL: http://dx.doi.org/10.1007/978-3-540-70738-7.

[Hac10] Tobias Hackel. "Grundlegende Untersuchungen zu vertikalen Positioniersystemen für Nanopräzisionsmaschinen". ger. Hackel, Tobias (Verfasser). Zugl.: Ilmenau, Techn. Univ., Diss., 2010. Münster: Verl.-Haus Monsenstein und Vannerdat, 2010.

[Hau+11] Tino Hausotte, Gerd Jäger, Robert Schmitt und Gerald Gerlach. *Nanopositionier- und Nanomessmaschinen. Geräte für hochpräzise makro- bis nanoskalige Oberflächen- und Koordinatenmessungen.* Zugl.: Ilmenau, Techn. Univ., Habil.-Schr., 2011. ger. 1. Aufl. Jäger, Gerd (Gutachter) Schmitt, Robert (Gutachter) Gerlach, Gerald (Gutachter). Berlin: Pro Business, 2011. 258 S. ISBN: 978-3-86805-948-9.

[Hau02] Tino Hausotte. *Nanopositionier- und Nanomessmaschine.* Zugl.: Ilmenau, Techn. Univ., Diss., 2002. ger. Ilmenau: Verl. ISLE, 2002. 185 S. ISBN: 3-932633-71-7.

[Hen+05] Henselmans, Rens, Nick Rosielle, Maarten Steinbuch, Ian Saunders und Rob Bergmans. "Design of a machine for the universal non-contact measurement of large free-form optics with 30 nm uncertainty". In: Optics & Photonics 2005 (San Diego, California, USA). Hrsg. von H. Philip Stahl. SPIE Proceedings. SPIE, 2005, S. 586919. DOI: `10.1117/12.613919`.

[Hen09] Henselmans, Rens. "Non-contact Measurement Machine for Freeform Optics". Dissertation. Eindhoven: Technische Universiteit Eindhoven, 2009.

[Her17] C. Herrmann. *Retroreflektoren in der Industrievermessung.* Hrsg. von Karlsruher Institut für Technologie. 2017. URL: `https://www.gik.kit.edu/downloads/retroreflektoren_industrievermessung-poster.pdf` (besucht am 29. 01. 2020).

[Hex20] Hexagon Manufacturing Intelligence. *Reflectors & Holders. Leica Industrial Theodolite and Laser Station Reflecotrs and Holders.* 2020. URL: `https://store.hexagonmetrology.us/laser-tracker-accessories/reflectors-and-holders` (besucht am 29. 01. 2020).

[HHT00] Mike Holmes, Robert Hocken und David Trumper. "The long-range scanning stage. A novel platform for scanned-probe microscopy". In: *Precision Engineering* 24 (3 2000), S. 191–209. ISSN: 01416359. DOI: `10.1016/S0141-6359(99)00044-6`.

[Höh83] Günter Höhne. *Struktursynthese und Variationstechnik beim Konstruieren. Habilitationsschrift.* Ilmenau, 1983. URL: `https://www.dmg-lib.org/dmglib/main/portal.jsp?mainNaviState=browsen.docum.meta&id=12717009` (besucht am 19. 11. 2019).

[HUB19] HUBER Diffraktionstechnik GmbH & Co. KG. *Diffraction and Positioning Equipment.* 2019. URL: https://www.xhuber.de/de/ (besucht am 19. 08. 2019).

[IBS15a] IBS Precision Engineering. *ISARA. Ultra Precision CMM.* IBS Precision Engineering. 21.05.2015. URL: www . ibspe . com (besucht am 15. 07. 2019).

[IBS15b] IBS Precision Engineering. *ISARA400. Next generation ultraprecision coordinate measuring machine.* IBS Precision Engineering. 21.05.2015. URL: http://www.ibspe.com/public/uploads/content/files/Isara400_Webversion.pdf (besucht am 15. 07. 2019).

[igu19a] igus GmbH. *E2I.15.30.038/080.0 e-kette der Serie E2i.15 mit rückwärtigem Biegeradius, Rasttrennstegen und Anschlusselement zur Zugentlastung E2.150.30.34PZ.* 2019. URL: https://www.igus.de/iPro/iPro_01_0002_0017_DEde.htm?c=DE&l=de (besucht am 13. 02. 2020).

[igu19b] igus GmbH. *IE14.1.400.80 Drehmodul für Schleppketten mit rückwärtigem Biegeradius und einen Drehwinkel von 400 Grad.* 2019. URL: https://www.igus.de/info/e-kette-kreisbewegung?C=DE&L=de (besucht am 13. 02. 2020).

[Ins20] Institut für Prozessmess- und Sensortechnik der Fakultät für Maschinenbau. *Prozessmesstechnik, Messtechnik im Maschinenbau und Fertigungsmesstechnik, Präzisionsmesstechnik.* TU Ilmenau. 2020. URL: https://www.tu-ilmenau.de/pms/ (besucht am 07. 02. 2020).

[ite19] item Industrietechnik GmbH. *Aluminium Konstruktionsprofil 12. Profilquerschnitt 60x60, Material EN AW 6060.* 2019. URL: https://product.item24.de/produkte/produktkatalog/produktdetails/products/konstruktionsprofile-12-1001042800/profil-12-60x60-natur-111/ (besucht am 13. 02. 2020).

[Jäg+16] G. Jäger, E. Manske, T. Hausotte, A. Müller und F. Balzer. "Nanopositioning and nanomeasuring machine NPMM-200—a new powerful tool for large-range micro- and nanotechnology". In: *Surface Topography: Metrology and Properties* 4 (3 2016), S. 034004. DOI: 10.1088/2051-672X/4/3/034004.

[Jäg06] Gerd Jäger. "Precision mechatronics - nanomeasuring and nanopositioning engineering at the Technische Universität". In: *The 3rd Vietnam Conference on Mechatronics* (2006). URL: https://www.db-thueringen.de/receive/dbt_mods_00007275 (besucht am 19. 10. 2019).

[Jan04] Hartmut Janocha, Hrsg. *Actuators. Basics and Applications.* ger. Janocha, Hartmut (Herausgeber). Berlin, Heidelberg: Springer Berlin Heidelberg, 2004. Online-Ressource. ISBN: 9783662055878.

[Jan10] Hartmut Janocha. *Unkonventionelle Aktoren. Eine Einführung.* ger. München: Oldenbourg, 2010. 270 S. ISBN: 9783486589153. URL: http://www.oldenbourg-link.com/isbn/9783486589153.

[Jan17] Janssen Precision Engineering. *Precision Point. To the point precision engineering knowledge.* Formelsammlung Feinwerktechnik. Unter Mitarb. von Huub Janssen. 3. Aufl. Maastricht, 2017. URL: https://www.janssenprecisionengineering.com/precisionpoint/ (besucht am 26. 01. 2020).

[Jor18] Paul David Jorda. *Systematische Untersuchung von ultrapräzisen rotatorischen Positioniersystemen in Nanopositionier- und Nanomessmaschinen.* Hrsg. von Ralf Schienbein und René Theska. Masterarbeit. Ilmenau, 2018.

[Kan03] Michael Kanellos. *Moore's Law to roll on for another decade. Moore's Law will continue for another 10 years at least, but the industry will have to develop new transistors and materials, says Intel cofounder Gordon Moore.* CBS Interactive Inc. 2003. URL: https://www.cnet.com/news/moores-law-to-roll-on-for-another-decade/ (besucht am 08. 08. 2019).

[KB00] Werner Krause und Erich Bürger, Hrsg. *Gerätekonstruktion. In Feinwerktechnik und Elektronik.* ger. 3., stark bearb. Aufl. München: Hanser, 2000. 614 S. ISBN: 3-446-19608-0.

[KB91] Eberhard Kallenbach und Gerhard Bögelsack, Hrsg. *Gerätetechnische Antriebe.* ger. 1. Aufl. Berlin: Verl. Technik, 1991. 304 S. ISBN: 3341007946.

[KDO11] John A. Kramar, Ronald Dixson und Ndubuisi G. Orji. "Scanning probe microscope dimensional metrology at NIST". In: *Measurement Science and Technology* 22 (2 2011), S. 024001. ISSN: 0957-0233. DOI: 10.1088/0957-0233/22/2/024001.

[KG12] Dongwoo Kang und Daegab Gweon. "Development of flexure based 6-degrees of freedom parallel nano-positioning system with large displacement". eng. In: *The Review of scientific instruments* 83 (3 2012). Journal Article, S. 035003. ISSN: 1089-7623. DOI: 10.1063/1.3693345. eprint: 22462952.

[Kir+19] Johannes Kirchner, Rostyslav Mastylo, Uwe Gerhardt, Florian Fern, Laura Weidenfeller, Taras Sasiuk, Eberhard Manske, Ralf Schienbein, Martin Hofmann und Stefan Sinzinger. "Anwendungen eines fasergekoppelten chromatisch konfokalen Sensors in Nanopositionier- und Nanomessmaschinen / Applications of a fiber coupled chromatic confocal sensor in nanopositioning and nanomeasuring machines". In: *tm*

- *Technisches Messen* 86 (s1 2019), S. 17–21. ISSN: 2196-7113. DOI: 10.1515/teme-2019-0041.

[Kra18] Werner Krause. *Konstruktionselemente der Feinmechanik*. 4., aktualisierte Auflage. München: Carl Hanser Verlag GmbH & Co. KG, 2018. 11048 S. ISBN: 978-3-446-44796-7. DOI: 10.3139/9783446449923. URL: http://dx.doi.org/10.3139/9783446449923.

[Kug15] Kugler GmbH. *Maschinen und Komponenten für die Mikrobearbeitung*. Kugler GmbH. 21.06.2015. URL: https://www.kugler-precision.com (besucht am 24. 11. 2019).

[Lea+01] Richard Leach, Jane Haycocks, Keith Jackson, Andrew Lewis, Simon Oldfield und Andrew Yacoot. "Advances in traceable nanometrology at the National Physical Laboratory". In: *Nanotechnology* 12 (1 2001), R1–R6. ISSN: 0957-4484. DOI: 10.1088/0957-4484/12/1/201.

[LLS16] Kenneth C. Laudon, Jane Price Laudon und Detlef Schoder. *Wirtschaftsinformatik. Eine Einführung*. ger. Unter Mitarb. von E. Martin, Henrika Knebel-Heil und Petra Alm. 3., vollständig überarbeitete Auflage. Always learning. Laudon, Kenneth C. (VerfasserIn) Laudon, Jane Price (VerfasserIn) Schoder, Detlef (VerfasserIn) Martin, E. (ÜbersetzerIn) Knebel-Heil, Henrika (ÜbersetzerIn) Alm, Petra (ÜbersetzerIn). Hallbergmoos: Pearson, 2016. 1079 S. ISBN: 978-3-86894-269-9. URL: http://lib.myilibrary.com?id=838570.

[Lot+05] Markus Lotz, Thomas Frank, Tobias Hackel, Günter Höhne und René Theska. "Konstruktionsprinzipien zum Entwurf von Nanopositioniermaschinen". In: *Internationales Wissenschaftliches Kolloquium Ilmenau* 50 (2005). URL: https://www.db-thueringen.de/receive/dbt_mods_00016746.

[Lot+07] Markus Lotz, Günter Höhne, Tobias Hackel, Thomas Frank und René Theska. "Design method for functional components of ultra high precision machines". In: *knowledge, innovation and sustainability. ICED '07*. Hrsg. von Design Society. 16. Aufl. Paris: International Conference, 2007, insges. 12 S.

[Lot09] Markus Lotz. "Konstruktion von Messspiegeln hochgenauer Mess- und Positioniermaschinen". ger. Lotz, Markus (Verfasser). Zugl.: Ilmenau, Techn. Univ., Diss., 2009. Ilmenau: ISLE, 2009.

[LT 19] LT Ultra-Precision Technology GmbH. *Fertigungsmöglichkeiten eines halbsphärischen Hohlspiegels durch LT Ultra: Strategiegespräche*. 2019. URL: https://www.lt-ultra.com/ (besucht am 18. 09. 2019).

[LUM18] LUMITRONIX LED-Technik GmbH. *Nichia NCSU275 UV SMD-LED mit 10x10mm Platine, 148mW, 365nm. Datenblatt.* 2018. URL: `https://www.leds.de/nichia-ncsu275-uv-smd-led-mit-10x10mm-platine-148mw-365nm-14331-03.html` (besucht am 14. 01. 2020).

[LUM19] LUMITRONIX LED-Technik GmbH. *Eaglerise Konstantstromquelle 700mA (IP65) fuer SMD-UV-LED. Datenblatt.* 2019. URL: `https://www.leds.de/eaglerise-konstantstromquelle-700ma-ip65-95041.html` (besucht am 14. 01. 2020).

[LUP14] LUPHOS GmbH. *LuphoScan. Fast non-contract 3D form measurement of asphetic optics.* LUPHOS GmbH. 5.2014. URL: `www.luphos.com` (besucht am 03. 12. 2019).

[Man+15] Eberhard Manske, Roland Füßl, Rostyslav Mastylo, Nataliya Vorbringer-Dorozhovets, Oliver Birli und Gerd Jäger. "Ongoing trends in precision metrology, particularly in nanopositioning and nanomeasuring technology. Aktuelle Trends der Präzisionsmesstechnik, insbesondere der Nanopositionier-und Nanomesstechnik". In: *tm – Technisches Messen* 82 (7-8 2015), S. 359–366. ISSN: 0171-8096. DOI: `10.1515/teme-2015-0011`.

[Man+19] Eberhard Manske, Thomas Fröhlich, Roland Füßl, Rostyslav Mastylo, Ulrike Blumröder, Paul Köchert, Oliver Birli, Ingo Ortlepp, Christof Pruß, Folker Schwesinger und Andreas Meister. "Scale spanning subnanometer metrology up to ten decades". In: *Proc. of SPIE Optical Measurement Systems for Industrial Inspection* (11056 2019), S. 110560L-1-110560L–7. URL: `https://doi.org/10.1117/12.2526076` (besucht am 13. 08. 2019).

[Man17] Eberhard Manske. *Research Training Group (RTG) on Tip- and laser-based 3D-Nanofabrication in extended macroscopic working areas (NanoFab).* Hrsg. von Technische Universität Ilmenau. 2017. URL: `https://www.tu-ilmenau.de/nanofab/` (besucht am 13. 08. 2019).

[Man19] Mark Mantel. *Chip-Fertigungstechnik bei TSMC: 5 Nanometer schon 2020, 3 Nanometer ab 2022.* Heise Medien GmbH & Co. KG. 2019. URL: `https://www.heise.de/newsticker/meldung/Chip-Fertigungstechnik-bei-TSMC-5-nm-schon-2020-3-nm-ab-2022-4485374.html` (besucht am 12. 08. 2019).

[Mas+12] Rostyslav Mastylo, Gerd Jäger, Gerhard Linß und Uwe Bahrs. "Optische und taktile Nanosensoren auf der Grundlage des Fokusverfahrens für die Anwendung in Nanopositionier- und Nanomessmaschinen". ger. Mastylo, Rostyslav (Verfasser) Jäger, Gerd (Akademischer

Betreuer) Linß, Gerhard (Akademischer Betreuer) Bahrs, Uwe (Akademischer Betreuer). Ilmenau, Technische Universität Ilmenau, Diss., 2012. Ilmenau: Universitätsbibliothek Ilmenau, 2012.

[Mic17a] Micro-Epsilon Messtechnik GmbH & Co. KG. *capaNCDT. Kapazitive Sensoren für Weg, Abstand & Position.* Micro-Epsilon Messtechnik GmbH & Co. KG. 24.06.2017. URL: `https://www.micro-epsilon.de` (besucht am 18. 01. 2020).

[Mic17b] Micro-Epsilon Messtechnik GmbH & Co. KG. *confocalDT. Konfokal-chromatisches Sensorsystem.* Micro-Epsilon Messtechnik GmbH & Co. KG. 24.06.2017. URL: `https://www.micro-epsilon.de` (besucht am 18. 01. 2020).

[Mic18] Micro-Epsilon Messtechnik GmbH & Co. KG. *Sensoren für Weg, Abstand und Position.* 2018. URL: `https://www.micro-epsilon.de/displacement-position-sensors/` (besucht am 07. 02. 2020).

[Mic19a] MicroChemicals GmbH. *TI Prime Haftvermittler. Datenblatt.* 2019. URL: `https://www.microchemicals.com/de/produkte/haftvermittler/ti_prime.html` (besucht am 14. 01. 2020).

[Mic19b] L. L.C. Micronix USA. *Specializes in miniature micro- and nanopositioning components for the biomedical, research, optical and various other markets.* 2019. URL: `http://www.micronixusa.com/motion/index.cfm` (besucht am 19. 08. 2019).

[MJH12] Eberhard Manske, Gerd Jäger und Tino Hausotte. "A Multi-Sensor Approach for Complex and Large-Area Applications in Micro and Nanometrology". In: *NCSLI Measure* 7 (2 2012), S. 62–68. ISSN: 1931-5775. DOI: `10.1080/19315775.2012.11721597`.

[MÖL18] MÖLLER-WEDEL OPTICAL GmbH. *Elcomat 3000. universeller Autokollimationssensor mit großem Messbereich und hoher Messgenauigkeit für Kalibrierlabore.* 2018. URL: `https://www.haag-streit.com/de/moeller-wedel-optical/produkte/elektronische-autokollimatoren/elcomat-produktreihe/elcomat-3000/` (besucht am 01. 02. 2020).

[Moo19] L. L.C. Moore Nanotechnology Systems. *Nanotech 450UPL- Ultra Precision 4-Axis CNC Diamond Turning Lathe. Midsize Diamond Turning Lathe.* 2019. URL: `http://www.nanotechsys.com/machines/nanotech-450uplv2-ultra-precision-lathe-1/` (besucht am 16. 11. 2019).

[Nat11] National Institute of Advanced Industrial Science and Technology. *Synchronous Motor IV.* 2011. URL: `https://staff.aist.go.jp/t.yano/data/english/research-e.htm` (besucht am 25. 08. 2019).

[New18] New Way Air Bearings. *Radial Air Bearings.* 2018. URL: https://www.newwayairbearings.com/catalog/radial-air-bearings/ (besucht am 28. 08. 2019).

[New19] Newport Corporation. *RGV High Speed Rotation Stages RGV100HL-S.* 2019. URL: https://www.newport.com/p/RGV100HL-S (besucht am 25. 08. 2019).

[nor19] norelem Normelemente KG. *Federnde Druckstücke.* 2019. URL: https://www.norelem.de/de/de/Produkte/Produkt%C3%BCbersicht/Flexibles-Normteilesystem/Federnde-Druckst%C3%BCcke-Arretierbolzen-Anschl%C3%A4ge-Zentrierelemente-Positionierelemente-Fixierungen-Nutensteine/Federnde-Druckst%C3%BCcke.html (besucht am 16. 02. 2020).

[NSL14] Helmut Naumann, G. Schröder und Martin Löffler-Mang, Hrsg. *Handbuch Bauelemente der Optik. Grundlagen, Werkstoffe, Geräte, Messtechnik.* ger. 7., vollständig überarb. u. erw. Aufl. s.l.: Hanser, 2014. 716 S. ISBN: 9783446426252. DOI: 10.3139/9783446441156. URL: http://dx.doi.org/10.3139/9783446441156.

[OLY19] OLYMPUS EUROPA SE & CO. KG. *OLS4100 3D-Laserscanning Mikroskop. Datenblatt.* 2019. URL: https://www.olympus-ims.com/de/metrology/ols4100/?apd=1&adid=micro&acid=degle&gclid=EAIaIQobChMI7bP8wsmD5wIVyLHtCh0VSwNzEAAYASAAEgJn8_D_BwE (besucht am 14. 01. 2020).

[OMF18] Ingo Ortlepp, Eberhard Manske und Roland Füßl. "Dynamic sensor positioning in large measuring volumes by an inverse kinematic concept". In: *Journal of Physics: Conference Series* 1065 (2018), S. 142009. ISSN: 1742-6588. DOI: 10.1088/1742-6596/1065/14/142009.

[Opt19] Optik +. *Fertigungsmöglichkeiten eines halbsphärischen Hohlspiegels durch Optik+: Strategiegespräche.* 2019. URL: https://www.optik-plus.de/ (besucht am 01. 02. 2020).

[OWI19a] OWIS GmbH. *Kreuztisch KT-65.* 2019. URL: https://www.owis.eu/produkte/manuelle-positioniersysteme/produktgruppe/kreuztische-1/produkt/95/productview/Main/ (besucht am 13. 02. 2020).

[OWI19b] OWIS GmbH. *Kreuztisch KT-90.* 2019. URL: https://www.owis.eu/produkte/manuelle-positioniersysteme/produktgruppe/kreuztische-1/produkt/97/productview/Main/ (besucht am 13. 02. 2020).

[OWI19c] OWIS GmbH. *Präzision in Perfektion Optische Strahlführungssysteme und Positioniersysteme Made in Germany.* 2019. URL: https://www.owis.eu/home/ (besucht am 19. 08. 2019).

[Pan19] Panasonic Corporation. *UA3P 3D Profilometer.* 2019. URL: http://www.panasonicfa.com/content/ua3p-3d-profilometer (besucht am 11. 11. 2019).

[PAT16] PATON. *Landes Patentzentrum Thüringen.* 2016. URL: https://www.paton.tu-ilmenau.de/ (besucht am 26. 08. 2019).

[PBM06] Nga Pham, Mathieu Bulcke und Piet Moor. "Spray coating of photoresist for realizing through-wafer interconnects". In: *2006 8th Electronics Packaging Technology Conference.* 2006 8th Electronics Packaging Technology Conference (Singapore). IEEE, 2006, S. 831–836. ISBN: 1-4244-0664-1. DOI: 10.1109/EPTC.2006.342820.

[Phy17a] Physik Instrumente GmbH. *L-611 Präzisions-Rotationstisch. Datenblatt.* 2017. URL: https://www.physikinstrumente.de/de/produkte/rotationstische/l-611-przisions-rotationstisch-1202002/#description (besucht am 09. 01. 2020).

[Phy17b] Physik Instrumente GmbH. *L-611 V6-V9 Präzisions-Rotationstisch (Vakuum tauglich). Datenblatt.* 2017. URL: https://www.physikinstrumente.de/de/produkte/rotationstische/l-611-v6-v7-v9-vakuumgeeigneter-przisions-rotationstisch-412418484/#description (besucht am 09. 01. 2020).

[Phy17c] Physik Instrumente GmbH. *SMC Hydra Motion Controller. Datenblatt.* 2017. URL: https://www.physikinstrumente.de/de/produkte/controller-treiberelektronik/motion-controller-treiber-fuer-dc-linear-torque-schrittmotoren/smc-hydra-motion-controller-1205100/#description (besucht am 09. 01. 2020).

[Phy17d] Physik Instrumente GmbH. *WT-120 Motorisiertes Präzisions-Goniometer. Datenblatt.* 2017. URL: https://www.physikinstrumente.de/de/produkte/rotationstische/wt-120-motorisiertes-przisions-goniometer-1206500/#description (besucht am 09. 01. 2020).

[Phy17e] Physik Instrumente GmbH. *WT-90 Motorisiertes Präzisions-Goniometer. Datenblatt.* 2017. URL: https://www.physikinstrumente.de/de/produkte/rotationstische/wt-90-motorisiertes-przisions-goniometer-1206700/#description (besucht am 09. 01. 2020).

[Phy17f] Physik Instrumente GmbH & Co. KG. *UPR-120 Ultra-Präzisions-Rotationstisch.* 2017. URL: https://www.physikinstrumente.de/de/produkte/rotationstische/upr-120-ultra-praezisions-rotationstisch-1205700/#specification (besucht am 28. 08. 2019).

[Phy18] Physik Instrumente GmbH & Co. KG. *N-865 NEXACT SpaceFAB. 6 Freiheitsgrade, höchste Präzision, flache Bauform.* 2018. URL: `https://www.physikinstrumente.de/de/produkte/hexapoden-parallelkinematiken/n-865-nexact-spacefab-1204701/#description` (besucht am 01. 09. 2019).

[Phy19a] Physik Instrumente GmbH & Co. KG. *H-811.S2 6-Axis Motion Hexapod. Schnell und kompakt für hochdynamische Anwendungen.* 2019. URL: `https://www.physikinstrumente.de/de/produkte/hexapoden-parallelkinematiken/h-811s2-6-achsen-motion-hexapod-7008881/` (besucht am 25. 08. 2019).

[Phy19b] Physik Instrumente GmbH & Co. KG. *PI ist weltweit führender Anbieter für Lösungen im Bereich Bewegen und Positionieren.* 2019. URL: `https://www.physikinstrumente.de/de/` (besucht am 19. 08. 2019).

[PS10] Tilo Pfeifer und Robert Schmitt. *Fertigungsmesstechnik.* ger. 3., überarb. und erw. Aufl. München: Oldenbourg, 2010. 469 S. ISBN: 3486592025. URL: `http://www.oldenbourg-link.com/isbn/9783486592023`.

[Qua18] Inc Qualcomm Technologies. *Snapdragon 855+ mobile platform. 7nm Process Technology.* Qualcomm Technologies, Inc. 2018. URL: `https://www.qualcomm.com/media/documents/files/snapdragon-855-mobile-platform-product-brief.pdf` (besucht am 12. 08. 2019).

[Qua19] Qualisyst GmbH. *QMSys GUM Enterprise, Professional, Standard. Software.* Gabrovo, Bulgarien, 2019. URL: `http://www.qsyst.com/html/dfiles/qmsys_gum_de.pdf` (besucht am 12. 07. 2019).

[Ray19] Rayotek Scientific Inc. *Fertigungsmöglichkeiten eines halbsphärischen Hohlspiegels durch Rayotek: Strategiegespräche.* 2019. URL: `https://rayotek.com/index.htm` (besucht am 14. 08. 2019).

[Rei19] Reitz Natursteintechnik. *Messgranit 1m x 1m x 0 ,16m inkl. Prüfprotokoll nach ISO 1101.* 2019. URL: `https://www.reitz-natursteintechnik.de/` (besucht am 11. 02. 2020).

[Ren18] Renishaw. *Positionsmesssysteme.* 2018. URL: `https://www.renishaw.de/de/positionsmesssysteme--6331` (besucht am 07. 02. 2020).

[Rot94] Karlheinz Roth. *Konstruieren mit Konstruktionskatalogen. Band 2: Kataloge.* ger. 2. Auflage, wesentlich erweitert und neu gestaltet. Roth, Karlheinz (author.) Berlin, Heidelberg und s.l.: Springer Berlin Heidelberg, 1994. 473 S. ISBN: 9783662081518. DOI: `10.1007/978-3-662-08150-1`. URL: `http://dx.doi.org/10.1007/978-3-662-08150-1`.

[Rui01] Theo Anjes Maria Ruijl. *Ultra precision coordinate measuring machine. Design, calibration and error compensation.* Delft, Techn. Univ., Diss., 2001. eng. 2. ed. 2001. 203 S. ISBN: 9064642877.

[Sch+18a] Ralf Schienbein, Florian Fern, Paul David Jorda, René Theska und Roland Füßl. *On the design of long range multiaxial nanofabrication machines based on Cartesian nanopositioning systems with additional ultra precision rotations. Proceedings of the Annual Meeting of the American Society for Precision Engineering.* Hrsg. von American Society for Precision Engineering. Raleigh, NC, 2018.

[Sch+18b] Ralf Schienbein, Florian Weigert, Florian Fern, René Theska und Roland Füßl. *The implementation of ultra precision rotations to multiaxial nanofabrication machines: challenges and solution concepts. Proceedings of the International Conference of the European Society for Precision Engineering and Nanotechnology.* 2018.

[Sch13] Alexander Schuler. *Erweiterung der Einsatzgrenzen von Sensoren für die Mikro- und Nanomesstechnik durch dynamische Sensornachführung unter Anwendung nanometeraufgelöster elektrischer Nahfeldwechselwirkung.* Erlangen-Nürnberg, Univ., Diss., 2013. ger. Erlangen: Univ.-Bibliothek, 2013. 8102 S. URL: `http://opus4.kobv.de/opus4-fau/frontdoor/index/index/docId/3504`.

[Sch19] Schott AG. *Fertigungsmöglichkeiten eines halbsphärischen Hohlspiegels durch Schott: Strategiegespräche.* 2019. URL: `https://www.schott.com/german/index.html` (besucht am 04.08.2019).

[Sch82] M. Schilling. *Konstruktionsprinzipien der Gerätetechnik. Habilitationsschrift.* Ilmenau, 1982.

[Seg07] J. K. Seggelen. *NanoCMM. A 3D Coordinate Measuring Machine with low moving mass for measuring small products in array with nanometer uncertainty.* Eindhoven: Technische Universiteit, 2007. 109 S. ISBN: 90-386-2629-0.

[SIO13] SIOS Meßtechnik GmbH. *Nanopositionier- und Nanomessmaschine. NMM-1.* SIOS Meßtechnik GmbH. 1.2013. URL: `http://www.sios.de/wp-content/uploads/2016/02/NMM-1_dt_2016.pdf` (besucht am 13.08.2019).

[SIO18] SIOS Meßtechnik GmbH. *Laengenmesssysteme. Laserinterferometer.* 2018. URL: `https://sios.de/produkte/laengenmesssysteme/` (besucht am 07.02.2020).

[Sma18] SmarAct GmbH. *SMARPOD P-SLC-24. SMARPOD - A Hexapod-like Positioning System.* 2018. URL: https://www.smaract.com/smarpod/product/smarpod-p-slc-24#specifications (besucht am 01. 09. 2019).

[Sma19] SmarAct GmbH. *SmarAct develops high-performance solutions for handling and positioning in the micro- and nanometer range.* 2019. URL: https://www.smaract.com/ (besucht am 19. 08. 2019).

[Spe83] Horst Sperrlich. *Das Gestalten im Konstruktionsprozeß. Habilitationsschrift.* Ilmenau, 1983. URL: https://www.dmg-lib.org/dmglib/main/portal.jsp?mainNaviState=browsen.docum.meta&id=6599009 (besucht am 19. 11. 2019).

[Sre17] S. V. Sreenivasan. "Nanoimprint lithography steppers for volume fabrication of leading-edge semiconductor integrated circuits". eng. In: *Microsystems & nanoengineering* 3 (2017). Journal Article Review Canon is commercializing nanoimprint lithography steppers., S. 17075. DOI: 10.1038/micronano.2017.75. eprint: 31057889.

[STW17] Ralf Schienbein, René Theska und Florian Weigert. *A contribution to the implementation of ultraprecision rotations for multiaxial nanopositioning machines. Ilmenau Scientific Colloquium.* 2017. URL: https://www.db-thueringen.de/servlets/MCRFileNodeServlet/dbt_derivate_00039180/ilm1-2017iwk-003.pdf (besucht am 08. 01. 2020).

[SW12] Alexander Schuler und Albert Weckenmann. "Application of sensor tilting for enhanced measurement of microstructures". In: *Proceedings of the Institution of Mechanical Engineers, Part B: Journal of Engineering Manufacture* 227 (1 2012), S. 12–20. ISSN: 0954-4054. DOI: 10.1177/0954405412464736.

[Sza01] István Szabó. *Höhere Technische Mechanik. Nach Vorlesungen.* ger. 6. Auflage. Klassiker der Technik. Berlin und Heidelberg: Springer, 2001. 546 S. ISBN: 978-3-642-56795-7. DOI: 10.1007/978-3-642-56795-7. URL: http://dx.doi.org/10.1007/978-3-642-56795-7.

[The00] René Theska. *Sinnbilder zur Prinzipdarstellung mechanischer Gebilde.* Hrsg. von Technische Universität Ilmenau. Institut für Maschinen- und Gerätekonstruktion. 2000. URL: https://www.tu-ilmenau.de/fwt/lehre/anmeldung-zu-hausbelegen-ws201920/ (besucht am 05. 12. 2019).

[Thi18] Jagannathan Thirumalai. *Micro/Nanolithography - A Heuristic Aspect on the Enduring Technology.* InTech, 2018. ISBN: 978-1-78923-030-7. DOI: 10.5772/intechopen.68234.

[Tho17] Thorlabs GmbH. *CXYZ05/M. XYZ-Feinjustierer für optische Komponenten.* 2017. URL: https://www.thorlabs.com/newgrouppage9.cfm?objectgroup_id=7718 (besucht am 30. 01. 2020).

[Tho19] Thorlabs GmbH. *LA1859 - N-BK7 Plano-Convex Lens, d=18.0 mm, f = 20.0 mm, Uncoated. Datenblatt.* 2019. URL: https://www.thorlabs.com/thorproduct.cfm?partnumber=LA1859 (besucht am 14. 01. 2020).

[TL18] Klaus Thurner und Paolo Lugli. *Position sensing using a fiber-optic Fabry-Pérot interferometer.* eng. München: Universitätsbibliothek der TU München, 2018.

[TMC18] TMC Vibration Control. *Micro-g Ständersystem für optische Tische. TMC ist der industrieführende Entwickler und Hersteller von Schwingungsisolationssystemen gegen Bodenschwingungen im Nanotechnologie-Bereich.* 2018. URL: https://www.techmfg.de/products/cleantopopticaltopsandsupports/opticaltopsupportsystems/microg (besucht am 11. 02. 2020).

[Tön95] Hans Kurt Tönshoff. *Werkzeugmaschinen. Grundlagen.* ger. Springer-Lehrbuch. Tönshoff, Hans Kurt (author.) Berlin, Heidelberg und s.l.: Springer Berlin Heidelberg, 1995. 278162 S. ISBN: 3-540-58674-1. DOI: 10.1007/978-3-662-10914-4. URL: http://dx.doi.org/10.1007/978-3-662-10914-4.

[tri19] trinano. *Ultra precision 3D CMM.* 2019. URL: https://www.xpresspe.com/products_trinano.php (besucht am 09. 11. 2019).

[Vee19] Veeco Instruments Inc. *Wyko NT9100 Optical Profiling System. Datenblatt.* 2019. URL: https://www.veeco.com/ (besucht am 14. 01. 2020).

[Ven+10] B. Venrooy, R. Henselmans, G. Gubbels, Casper Drunen und J.A.P. Leijtens. "NANOMEFOS non-contact measurement machine for aspheric and freeform optics". In: *International Conference on Space Optics — ICSO 2010.* International Conference on Space Optics 2010 (Rhodes Island, Greece). Hrsg. von Naoto Kadowaki. SPIE, 2010, S. 106. ISBN: 9781510616196. DOI: 10.1117/12.2309250. URL: https://www.spiedigitallibrary.org/conference-proceedings-of-spie/10565/2309250/NANOMEFOS-non-contact-measurement-machine-for-aspheric-and-freeform-optics/10.1117/12.2309250.full.

[Ver04] Verein Deutscher Ingenieure e.V., Hrsg. *Entwciklungsmethodik für mechatronische Systeme.* VDI/VDE-RICHTLINIEN. Berlin: Beuth Verlag GmbH, 1. Juni 2004.

[Ver06] Verein Deutscher Ingenieure e.V., Hrsg. *Genauigkeit von Koordinatenmessgeräten Kenngrößen und deren Prüfung Leitfaden zur Anwendung von DIN EN ISO 10360-3 für Koordinatenmessgeräte mit zusätzlichen Drehachsen.* VDI/VDE-RICHTLINIEN. Blatt 4. Berlin: Beuth Verlag GmbH, 1. Mai 2006.

[Ver98] Verein Deutscher Ingenieure e.V., Hrsg. *Konstruktionsmethodik Technisch-wirtschaftliches Konstruieren - Technisch-wirtschaftliche Bewertung.* VDI/VDE-RICHTLINIE. Berlin: Beuth Verlag GmbH, 1. Nov. 1998.

[Wei17] Florian Weigert. *Positioniersystem für ultrapräzise Rotationen in Nanopositionier- und Nanomessmaschinen.* Hrsg. von Ralf Schienbein und Rene Theska. Masterarbeit. Ilmenau, 2017.

[WG12] Albert Weckenmann und Bernd Gawande. *Koordinatenmesstechnik. Flexible Meßstrategien für Maß, Form und Lage.* ger. 1. Aufl. s.l.: Carl Hanser Fachbuchverlag, 2012. 439 S. ISBN: 978-3-446-40739-8. URL: http://www.hanser-elibrary.com/action/showBook?doi=10.3139/9783446429475.

[WG99] Albert Weckenmann und Bernd Gawande. *Koordinatenmeßtechnik. Flexible Meßstrategien für Maß, Form und Lage.* ger. München: Hanser, 1999. 284 S. ISBN: 3-446-17991-7.

[Wil00] Günter Wilkening. "Nanopositionierungen die Basis der Nanometrologie". In: *tm – Technisches Messen* 67 (7-8/2000 2000), S. 64. ISSN: 0171-8096. DOI: 10.1524/teme.2000.67.7-8.298.

[WT19] Florian Weigert und René Theska. *Entwicklung einer Wechselschnittstelle für Tools in Nanofabrikationsmaschinen mit hochreproduzierbarer Lagedefinition.* Hrsg. von IFToMM D-A-CH Konferenz / Fünfte IFToMM D-A-CH Konferenz 2019. 2019. URL: https://duepublico.uni-duisburg-essen.de:443/servlets/DocumentServlet?id=48214 (besucht am 04. 03. 2020).

[Xie+02] Yongjun Xie, Zhenwu Lu, Fengyou Li, Jingli Zhao und Zhicheng Weng. "Lithographic fabrication of large diffractive optical elements on a concave lens surface". eng. In: *Optics express* 10 (20 2002). Journal Article, S. 1043–1047. DOI: 10.1364/OE.10.001043. eprint: 19451962.

[Yan+19] Yongda Yan, Shunyu Chang, Tong Wang und Yanquan Geng. "Scratch on Polymer Materials Using AFM Tip-Based Approach. A Review". eng. In: *Polymers* 11 (10 2019). Journal Article Review. DOI: 10.3390/polym11101590. eprint: 31569474.

[YF00] B. Yang und H. Friedsam. *Ray-tracing studies for a whole-viewing-angle retroreflector*. Hrsg. von Argonne National Lab. 2000. URL: https://digital.library.unt.edu/ark:/67531/metadc710871/ (besucht am 29.01.2020).

[YL10] Yuan Yun und Yangmin Li. "Design and analysis of a novel 6-DOF redundant actuated parallel robot with compliant hinges for high precision positioning". In: *Nonlinear Dynamics* 61 (4 2010), S. 829–845. DOI: 10.1007/s11071-010-9690-x.

Liste der bisher erschienenen Bände, Stand 15.09.2020

Schriftenreihe des Instituts für Maschinenelemente und Konstruktion (IMK), 1990 – 2010

Band 1 **Institut für Maschinenelemente und Konstruktion der TU Ilmenau (Hrsg.):**
Forschung und Lehre im Institut für Maschinenelemente und Konstruktion
(Institutsbericht)
Ilmenau : ISLE, 1999. - ISBN 3-932633-37-7

Band 2 **Spiller, Frank:**
Möglichkeiten der rechentechnischen Umsetzung von Erkenntnissen aus der Konstruktions-systematik unter Nutzung der Featuretechnologie
(Dissertation TU Ilmenau 1998)
Ilmenau : ISLE, 1998. - ISBN 3-932633-20-2

Band 3 **Leibl, Peter:**
Entwicklung eines featureorientierten Hilfsmittels für die Konstruktion kostengünstiger Produkte
(Dissertation TU Ilmenau 1998)
Ilmenau : ISLE, 1998. - ISBN 3-00-003695-4

Band 4 **Lutz, Steffen:**
Kennlinie und Eigenfrequenzen von Schraubenfedern
(Dissertation TU Ilmenau 2000)
Ilmenau : ISLE, 2000. - ISBN 3-932633-47-4

Band 5 **Kletzin, Ulf:**
Finite-Elemente-basiertes Entwurfssystem für Federn und Federanforderungen
(Dissertation TU Ilmenau 2000)
Ilmenau : ISLE, 2000. - ISBN 3-932633-48-2

Band 6 **Volz, Andreas K.:**
Systemorientierter Karosserie-Konzeptentwurf am Beispiel der Crashsimulation
(Dissertation TU Ilmenau 1998)
Ilmenau : ISLE, 2000. - ISBN 3-932633-52-0

Band 7 **Brix, Torsten:**
Feature- und constraint-basierter Entwurf technischer Prinzipe
(Dissertation TU Ilmenau 2001)
Ilmenau : ISLE, 2001. - ISBN 3-932633-67-9

Band 8 **Rektor der TU Ilmenau und Institut für Maschinenelemente und Konstruktion der TU Ilmenau (Hrsg.) in Zusammenarbeit mit Carl Zeiss Jena GmbH**
Vom Arbeitsblatt zum virtuellen Prototyp – 50 Jahre Konstruktionssystematik
(Institutsbericht)
Ilmenau : ISLE, 2002. - ISBN 3-932633-68-7

Band 9 **Liebermann, Kersten:**
Rechnergestütztes Entwurfs- und Optimierungssystem für Schraubendruckfedern
(Dissertation TU Ilmenau 2003)
Ilmenau : ISLE, 2003. - ISBN 3-932633-74-1

Band 10 **Meissner, Manfred; Denecke, Klaus:**
Die Geschichte der Maschinenelemente als Fachgebiet und Institut an der Technischen Universität Ilmenau von 1953 bis 2003
(Institutsbericht)
Ilmenau : ISLE, 2003. - ISBN 3-932633-82-2

Band 11 **Geinitz, Veronika:**
Genauigkeits- und auslastungsoptimierte Schraubendruckfedern
(Dissertation TU Ilmenau 2006)
Ilmenau : ISLE, 2006. - ISBN 3-938843-11-X

Band 12 **Institut für Maschinenelemente und Konstruktion (Hrsg.):**
Festschrift zum Ehrenkolloquium anlässlich der Emeritierungen von Univ.-Prof. Dr.-Ing. habil. Dr. h.c. Günter Höhne und Univ.-Prof. Dr.-Ing. habil. Hans-Jürgen Schorcht
(Institutsbericht)
Ilmenau : ISLE, 2005. -ISBN 3-932633-97-0

Band 13 **Wittkopp, Tobias:**
Mehrkörpersimulation von Schraubendruckfedern
(Dissertation TU Ilmenau 2005)
Ilmenau : ISLE, 2005. - ISBN 3-938843-07-1

Band 14 Frank, Stefan:
Justierdrehen – eine Technologie für Hochleistungsoptik
(Dissertation TU Ilmenau 2007)
Ilmenau : ISLE, 2008. - ISBN 978-3-938843-35-4

Band 15 Schilling, Thomas:
Augmented Reality in der Produktentstehung
(Dissertation TU Ilmenau 2008)
Ilmenau : ISLE, 2008. - ISBN 978-3-938843-42-0

Band 16 Lotz, Markus:
Konstruktion von Messspiegeln hochgenauer Mess- und Positioniermaschinen
(Dissertation TU Ilmenau 2009)
Ilmenau : ISLE, 2009. - ISBN 978-3-938843-46-8

[Band 17] Hackel, Tobias:
Grundlegende Untersuchungen zu vertikalen Positioniersystemen für Nanopräzisionsmaschinen
(Dissertation TU Ilmenau 2010)
Münster, Westf : Monsenstein und Vannerdat, 2010 . -ISBN 978-3-86991-111-3

[Band 18] Frank, Thomas:
Konzeption und konstruktive Gestaltung der Messkreise von Nanomessmaschinen
(Dissertation TU Ilmenau 2010)
Münster, Westf : Monsenstein und Vannerdat, 2010. - ISBN 978-3-86991-194-6

Schriftenreihe des Instituts für Maschinen- und Gerätekonstruktion (IMGK), 2010 - ...

Band 19 Sondermann, Mario:
Mechanische Verbindungen zum Aufbau optischer Hochleistungssysteme
(Dissertation TU Ilmenau 2010)
Ilmenau : Univ.-Verl. Ilmenau, 2011. - ISBN 978-3-939473-94-7

Band 20 **Stephan Husung:**
Simulation akustischer Produkteigenschaften unter Nutzung von Virtual Reality während der Produktentwicklung
(Dissertation TU Ilmenau 2011)
Ilmenau : Univ.-Verl. Ilmenau, 2012. - ISBN 978-3-86360-026-6

Band 21 **Dobermann, Dirk:**
Stabilisierung der Bildlage abbildender optischer Systeme
(Dissertation TU Ilmenau 2012)
Ilmenau : Univ.-Verl. Ilmenau, 2013. - ISBN 978-3-86360-056-3

Band 22 **Taubmann, Peter:**
Analyse der Ventilfederbewegungen als Beitrag zur Beeinflussung der Verschleißursachen an den Auflageflächen
(Dissertation TU Ilmenau 2013)
Ilmenau : Univ.-Verl. Ilmenau, 2013. - ISBN 978-3-86360-059-4

Band 23 **Erbe, Torsten:**
Beitrag zur systematischen Aktor- und Aktorprinzipauswahl im Entwicklungsprozess
(Dissertation TU Ilmenau 2013)
Ilmenau : Univ.-Verl. Ilmenau, 2013. - ISBN 978-3-86360-060-0

Band 24: **Selva Ginani, Luciano:**
Optical Scanning Sensor System with Submicron Resolution
(Dissertation TU Ilmenau 2013)
Ilmenau : Univ.-Verl. Ilmenau, 2013. - ISBN 978-3-86360-068-6

Band 25: **Heidler, Nils:**
Untersuchungen zylindrischer Gasführungselemente für Hochvakuumanwendungen
(Dissertation TU Ilmenau 2015)
Ilmenau : Univ.-Verl. Ilmenau, 2016. - ISBN 978-3-86360-130-0

Band 26: **Reich, René:**
Möglichkeiten und Grenzen bei der Auslegung von Schraubendruckfedern auf Basis von Umlaufbiegeprüfungen
(Dissertation TU Ilmenau 2016)
Ilmenau : Univ.-Verl. Ilmenau, 2016. - ISBN 978-3-86360-139-3

Band 27: Resch, Jens:
Kontextorientierte Entwicklung und Absicherung von festen Verbindungen im Produktentstehungsprozess der Automobilindustrie
(Dissertation TU Ilmenau 2016)
Ilmenau : Univ.-Verl. Ilmenau, 2016. - ISBN 978-3-86360-143-0

Band 28: Scheibe, Hannes:
Aktiv-adaptive Polierwerkzeuge zur Herstellung rotationssymmetrischer Asphären
(Dissertation TU Ilmenau 2016)
Ilmenau : Univ.-Verl. Ilmenau, 2016. - ISBN 978-3-86360-147-8

Band 29: Reeßing, Michael:
Softwarewerkzeuge für den phasen- und domänenübergreifenden Entwurf
(Dissertation TU Ilmenau 2016)
Ilmenau : Univ.-Verl. Ilmenau, 2017. - ISBN 978-3-86360-169-0

Band 30: Lux, Rüdiger:
Wärmebehandlung von SiCr-legiertem, ölschlussvergütetem Federstahldraht
(Dissertation TU Ilmenau 2018)
Ilmenau : Univ.-Verl. Ilmenau, 2018. - ISBN 978-3-86360-185-0

Band 31: Thomisch, Marco:
Methodik zur Bestimmung optimaler Parameter beim Drahtumformen
(Dissertation TU Ilmenau 2018)
Ilmenau : Univ.-Verl. Ilmenau, 2018. - ISBN 978-3-86360-187-4

Band 32: Wohlfahrt, Fabian:
Kraftgesteuerte Messzelle für Dilatometeranwendungen
(Dissertation TU Ilmenau 2018)
Ilmenau : Univ.-Verl. Ilmenau, 2019. - ISBN 978-3-86360-193-5

Band 33: John, Kerstin:
Untersuchung von Umlenkelementen zur Anwendung in der interferometrischen Längenmesstechnik
(Dissertation TU Ilmenau 2018)
Ilmenau : Univ.-Verl. Ilmenau, 2019. - ISBN 978-3-86360-197-3

Band 34: Mack, Benjamin:
Untersuchungen zum Schadensmechanismus Torsionsschwingbruch durch Kontaktermüdung an Schraubendruckfedern
(Dissertation TU Ilmenau 2018)
Ilmenau : Univ.-Verl. Ilmenau, 2019. - ISBN 978-3-86360-198-0

Band 35: Hesse, Miriam:
Untersuchung der Absicherung von Montageprozessen am Beispiel von Produktionsanläufen in der Automobilindustrie
(Dissertation TU Ilmenau 2019)
Ilmenau : Univ.-Verl. Ilmenau, 2020. - ISBN 978-3-86360-221-5

Band 36: Scheler, Marcel:
Auswahl robuster Wirkprinzipien auf Basis einer Erweiterung des CPM/PDD-Ansatzes
(Dissertation TU Ilmenau 2020)
Ilmenau : Univ.-Verl. Ilmenau, 2020. - ISBN 978-3-86360-225-3

Band 37: Schienbein, Ralf:
Grundlegende Untersuchungen zum konstruktiven Aufbau von Fünfachs-Nanopositionier- und Nanomessmaschinen
(Dissertation TU Ilmenau 2020)
Ilmenau : Univ.-Verl. Ilmenau, 2020. - ISBN 978-3-86360-229-1